Klempnerarbeiten

Klempnerarbeiten – Kommentar zu VOB/C: ATV DIN 18339

Jetzt diesen Titel zusätzlich als E-Book downloaden und 70 % sparen!

Als Käufer dieses Buchtitels haben Sie Anspruch auf ein besonderes Kombi-Angebot: Sie können den Titel zusätzlich zum Ihnen vorliegenden gedruckten Exemplar für nur 30 % des Normalpreises als E-Book beziehen.

Der BESONDERE VORTEIL: Im E-Book recherchieren Sie in Sekundenschnelle die gewünschten Themen und Textpassagen. Denn die E-Book-Variante ist mit einer komfortablen Volltextsuche ausgestattet!

Deshalb: Zögern Sie nicht. Laden Sie sich am besten gleich Ihre persönliche E-Book-Ausgabe dieses Titels herunter.

In 3 einfachen Schritten zum E-Book:

❶ Rufen Sie die Website **www.beuth.de/e-book** auf.

❷ Geben Sie hier Ihren persönlichen, nur einmal verwendbaren E-Book-Code ein:

2585039C64BAF6B

❸ Klicken Sie das „Download-Feld“ an und gehen dann weiter zum Warenkorb. Führen Sie den normalen Bestellprozess aus.

Hinweis: Der E-Book-Code wurde individuell für Sie als Erwerber dieses Buches erzeugt und darf nicht an Dritte weitergegeben werden. Mit Zurückziehung dieses Buches wird auch der damit verbundene E-Book-Code für den Download ungültig.

Michael Kober

Klempnerarbeiten

Kommentar zu VOB/C: ATV DIN 18339

3., überarbeitete Auflage 2018

Herausgeber:
DIN Deutsches Institut für Normung e. V.
Zentralverband Sanitär Heizung Klima

Beuth Verlag GmbH · Berlin · Wien · Zürich

Herausgeber: DIN Deutsches Institut für Normung e. V.
Zentralverband Sanitär Heizung Klima

Berlin · Wien · Zürich
Am DIN-Platz
Burggrafenstraße 6
10787 Berlin

Telefon: +49 30 2601-0
Telefax: +49 30 2601-1260
Internet: www.beuth.de
E-Mail: kundenservice@beuth.de

Bei Fragen zur Produktsicherheit wenden Sie sich bitte an DIN Media GmbH, Kundenservice, Burggrafenstraße 6, 10787 Berlin.

Titelbild: © Dagmara_K, Benutzung unter Lizenz von shutterstock.com
Satz: B & B Fachübersetzergesellschaft mbH, Berlin
Druck: Books Factory Sp. z o.o., ul. Cukrowa 22, PL-71-004 Szczecin
Gedruckt auf säurefreiem, alterungsbeständigem Papier nach DIN EN ISO 9706

ISBN 978-3-410-25850-6
ISBN (E-Book) 978-3-410-25851-3

Vorwort

Der Zentralverband Sanitär Heizung Klima als Herausgeber der Richtlinie für die Ausführung von Klempnerarbeiten ist maßgeblich an der Erstellung der aktuellen ATV DIN 18339 beteiligt gewesen. Ebenso ist er als Mitherausgeber für die nötige Aktualisierung des Kommentars zur ATV DIN 18339 verantwortlich.

Als seit April 2017 zuständiger Referent für Klempnertechnik, Behälter- und Apparatebau, bin ich auch als neuer Autor des Kommentars besetzt worden. Der Kommentar geht damit, nach Harald Koch und Joachim Weinhold, welche den Kommentar erstmalig 2001 verfasst haben und welcher 2012 durch Christian Winsel (ehemaliger Referent Klempnertechnik im ZVSHK) ergänzt worden ist, in die 3. Auflage.

Ich bedanke mich für die Unterstützung der Projektgruppe Klempnertechnik. Mein besonderer Dank geht dabei an den Bundesfachgruppenleiter Ulrich Leib, mit welchem ich gemeinsam den Kommentar überarbeitet, aktualisiert und an die Änderungen der ATV angepasst habe.

Michael Kober

St. Augustin, im Dezember 2017

Inhaltsverzeichnis

Einleitung

Mit der VOB-Gesamtausgabe 2016 wurde auch die fachtechnisch überarbeitete ATV DIN 18339 herausgegeben. Diese Allgemeinen Technischen Vertragsbedingungen für die Ausführung von Klempnerarbeiten aus dem Jahre 2016 ersetzen somit die aus 2012.

Der Kommentar soll Ausführenden und auch gleichermaßen Ausschreibenden helfen, auf oft unbeachtete Punkte, die in der Vergangenheit zu Streitigkeiten oder anderen Problemen geführt haben, zu achten, um so mangelfreie Klempnerarbeiten ausführen zu können.

Im Abschnitt 0.3 „Einzelangaben bei Abweichungen von den ATV“ gab es mit Verweis auf Abschnitt 3.5.3 eine Änderung bezüglich der Abweichung des Abstandes der Tropfkante.

Im Abschnitt 4 „Nebenleistungen, Besondere Leistungen“ wurden einige Änderungen vorgenommen.

Alle Änderungen wurden berücksichtigt und sind in die Kommentierung eingeflossen.

Dieser Kommentar gibt viele praktische Beispiele anhand von Erklärungen oder Zeichnungen wieder, die helfen sollen, die oft komplexe Klempnertechnik richtig umsetzen zu können.

Kommentierung der ATV DIN 18339 „Klempnerarbeiten“

0 Hinweise für das Aufstellen der Leistungsbeschreibung

Diese Hinweise ergänzen die ATV DIN 18299 „Allgemeine Regelungen für Bauarbeiten jeder Art“, Abschnitt 0. Die Beachtung dieser Hinweise ist Voraussetzung für eine ordnungsgemäße Leistungsbeschreibung gemäß § 7, § 7 EG bzw. § 7 VS VOB/A.

Die Hinweise werden nicht Vertragsbestandteil.

In der Leistungsbeschreibung sind nach den Erfordernissen des Einzelfalls insbesondere anzugeben:

Hier zeigt sich bereits der erste Hinweis auf die Verknüpfung mit der ATV DIN 18299 „Allgemeine Regelungen für Bauarbeiten jeder Art“. Die Beachtung beider ATV ist also für die Erstellung einer ordnungsgemäßen Leistungsbeschreibung unabkömmlich.

In der ATV DIN 18299 werden die allgemeinen Hinweise behandelt, die für jede Art von Bauarbeiten zu beachten sind, beispielsweise die Lage der Baustelle, Zufahrtsmöglichkeiten für den Verkehr, freizuhaltende Flächen oder auch besondere umweltrechtliche Vorschriften.

Die ATV DIN 18339 „Klempnerarbeiten“ enthält hingegen klempnerspezifische Angaben zur Ausführung, wie zum Beispiel die zulässige Belastung der Dachfläche, die Dachneigung und -form oder auch Scharenbreiten und Achsabstände. Diese Aufzählung führt nur einige wenige Beispiele an und ist keinesfalls vollzählig. Bei Widersprüchen in den beiden ATV gilt die klempnerspezifische Norm ATV DIN 18339.

Die Leistung ist klar und eindeutig zu beschreiben, um eine genaue Kalkulation zu ermöglichen und um mögliche Meinungsverschiedenheiten zu vermeiden.

0.1 Angaben zur Baustelle

Ergänzende Regelung zur ATV DIN 18299, Abschnitt 0.1:

- *Angabe der Windzone.*

Erstmals wurde in der ATV DIN 18339 unter dem Punkt 0.1 eine ergänzende Regelung zur ATV DIN 18299 gemacht – nämlich die Angabe der Windzone. Die Angabe der Windzone ist von großer Bedeutung, da sie sich insbesondere auf die Preisbildung im Bezug auf die Befestigung und die Standsicherheit der Metalldacheindeckung auswirkt. Am Beispiel der Befestigung für ein Satteldach mit 25° Dachneigung, 12 Metern Höhe und einer Scharenbreite von 520 mm werden bei Windzone 1 im Eckbereich 6,6 Befestigungen pro m^2 benötigt, bei Windzone 3 immerhin 9,7 Befestigungen pro m^2. Man sieht an diesem Beispiel, dass die Angabe der Windzone sehr wichtig für eine korrekte Preisbildung ist.

0.2 Angaben zur Ausführung

0.2.1 Art, Beschaffenheit und Festigkeit des Untergrundes.

In der Leistungsbeschreibung hat der Auftraggeber Angaben über die Art, die Beschaffenheit und über die Festigkeit des Untergrundes zu machen. Diese Angaben sind für den Auftragnehmer von Bedeutung, da er die Metalleindeckung oder Fassadenbekleidung nur auf einem geeigneten Untergrund anbringen kann.

Die Art des Untergrundes muss dem Auftragnehmer bekannt sein, da beispielsweise Krallenplatten auf einer Schaumglasdämmung zur Befestigung der Metalldachdeckung einen deutlich erhöhten Arbeitsaufwand und somit Kostenaufwand bedeuten als genagelte oder geschraubte Hafte auf Holzschalung.

Außerdem ist die Art des Untergrundes für die Wahl der Trennlage und die Art der einzusetzenden Haften von großer Bedeutung. Werden beispielsweise OSB-Platten verwendet, so ist nach den Richtlinien für die Ausführung von Klempnerarbeiten an Dach und Fassade (Klempnerfachregeln) eine strukturierte Trennlage vorzusehen, weil damit aufgrund der geringen Wasseraufnahmefähigkeit von OSB-Platten eine Ausgleichschicht für anfallendes Tauwasser hergestellt wird.

Außerdem muss eine Vollholzschalung quer oder diagonal zum Scharenverlauf verlegt werden, um zu vermeiden, dass die Haftenbefestigung in einer Schalungsfuge erfolgt.

Nur ein geeigneter Untergrund gewährleistet die Standsicherheit des gesamten Daches. Wird beispielsweise ein Metalldach fachmännisch auf einem unzureichend befestigten Untergrund angebracht, so besteht die Gefahr, dass bei Sturmereignissen Teile vom Dach beschädigt werden oder sogar das komplette Dach abgerissen wird.

Man sieht an diesen wenigen Beispielen, dass die Angaben über Art, Beschaffenheit und Festigkeit des Untergrundes maßgeblich für eine korrekte Preisbildung und die Prüfung des Untergrundes auf Eignung sind.

Sollten seitens des Auftragnehmers hinsichtlich der Eignung Bedenken gegen den Untergrund bestehen, so sind die Bedenken gemäß VOB/B § 4 Nr. 3 schriftlich mitzuteilen. Dieser Paragraph besagt:

„Hat der Auftragnehmer Bedenken gegen die vorgesehene Art der Ausführung (auch wegen der Sicherung gegen Unfallgefahren), gegen die Güte der vom Auftraggeber gelieferten Stoffe oder Bauteile oder gegen die Leistungen anderer Unternehmer, so hat er sie dem Auftraggeber unverzüglich – möglichst schon vor Beginn der Arbeiten – schriftlich mitzuteilen; der Auftraggeber bleibt jedoch für seine Angaben, Anordnungen oder Lieferungen verantwortlich."

0.2.2 Ausbildung der Anschlüsse an Bauwerke.

Wie Anschlüsse an ein Bauwerk auszuführen sind, regelt Abschnitt 3.1.8 dieser ATV unmissverständlich.

Wenn in der Leistungsbeschreibung keine abweichenden Angaben gemacht werden, werden die Anschlüsse an angrenzende Bauwerke wie in Punkt 3.1.8 beschrieben ausgeführt.

Sollte jedoch von Seiten des Auftraggebers eine andere Ausführung gewünscht werden, so ist das in der Leistungsbeschreibung anzugeben. Beispielsweise können im Denkmalschutz oder zu gestalterischen Zwecken abgetreppte Anschlüsse zur Anwendung kommen. Auch bei abgetreppten Anschlüssen ist eine Mindesthöhe von 65 mm zu beachten.

Außerdem ist es wichtig, in der Leistungsbeschreibung Angaben über Ecken, Richtungsänderungen oder Ähnliches im Verlauf des Bauwerkanschlusses zu machen.

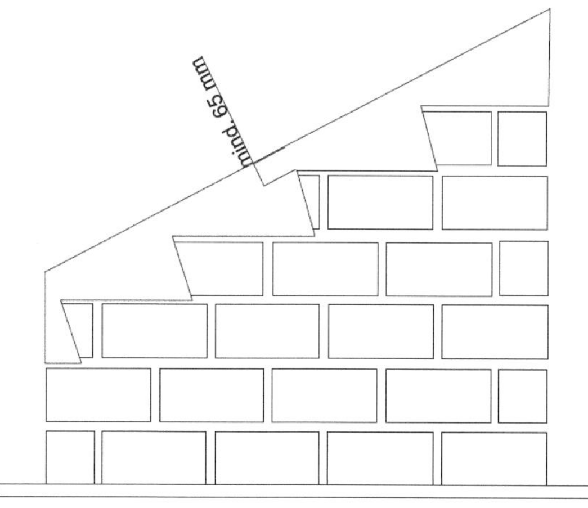

Abbildung 1: Abgetreppter Anschluss

0.2.3 Art und Anzahl der geforderten Musterflächen, Mustermontagen und Proben.

Die Gestaltung von Metallwand- oder Dachflächen entspringt den Vorstellungen des Architekten oder des Auftraggebers, welcher damit eine bestimmte Wirkung erzielen möchte. Der Auftragnehmer hat diesen Vorstellungen Rechnung zu tragen und diese umzusetzen.

Alleine durch Zeichnungen, isometrische und bildliche Darstellung kann die gewünschte Wirkung nicht beurteilt werden, da Blickrichtung, der Standort, der Lichteinfall, die handwerkliche Ausführung, das vorgesehene Material und vieles mehr die Wirkung auf den Betrachter beeinflussen.

Ein Hilfsmittel hierfür kann die Erstellung von Musterflächen, Mustermontagen und Proben sein.

Wenn die Erstellung von Musterflächen, Mustermontagen und Proben durch den Auftraggeber gewünscht ist, so ist dieses in der Leistungsbeschreibung mit Art und Anzahl sowie Größe anzugeben.

Es kann vorkommen, dass handwerksübliche Ausführungen der Klempnerarbeiten nicht mit dem Anspruch des Auftraggebers übereinstimmen. Deshalb sollten besondere optische Anforderungen im Leistungsverzeichnis vermerkt werden.

Quelle: Peter Ness, Berlin

Abbildung 2: Musterfläche

Auch hier können Musterflächen dazu genutzt werden, um sicherzustellen, dass Auftraggeber und Auftragnehmer sich über den optischen Anspruch und die handwerkliche Machbarkeit der herzustellenden Fläche einig werden.

Nach Punkt 4.2.9 dieser ATV ist das Herstellen und Anbringen von Musterflächen, Musterkonstruktionen und Modellen eine Besondere Leistung und als solche zu vergüten.

0.2.4 Zulässige Belastungen der Dachfläche oder Tragkonstruktion.

Die Angaben über zulässige Belastungen der Dachfläche und/oder der Tragkonstruktion durch den Auftraggeber sind unerlässlich. Sind zur Sicherung gegen Windsog Auflasten, in den meisten Fällen Kies oder bei Dachbegrünung Erdschüttungen, vorgesehen, so ist die Tragfähigkeit des Untergrundes unbedingt anzugeben. Speziell im Reparaturfall ist die zulässige Belastung von großer Bedeutung, da die zu reparierende Stelle nur durch Wegräumen von Auflastmaterial zugänglich gemacht werden kann. Die daraus resultierende Änderung von einer Flächen- in eine Punktlast kann zum Versagen der Unterkonstruktion führen und möglicherweise eine Beschädigung oder, im schlimmsten Fall, sogar die Zerstörung hervorrufen. In diesem Fall besteht für die Nutzer des Gebäudes Gefahr für Leib und Leben.

Ein weiteres Kriterium für die Belastbarkeit der Dachfläche ist die Begehbarkeit. Ist die Begehbarkeit nicht gegeben, sind entsprechende Gegenmaßnahmen in Form von beispielsweise lastverteilenden Baudielen oder Bohlen zu treffen.

Ist eine Dachfläche als nicht begehbar einzustufen, sind bestimmte Schutzmaßnahmen zu treffen. Diese Maßnahmen sind bereits in der ATV DIN 18299 in den Punkten 4.1.4 und 4.2.4 beschrieben.

Ebenfalls bei der Planung zu beachten ist die Dimensionierung und Anzahl der Notabläufe der Dachentwässerung bei umschlossenen Flachdächern, um bei Starkregenereignissen die zulässige Belastung der Dachfläche nicht zu überschreiten.

0.2.5 Sicherung von Deckungen und Bekleidungen gegen Abheben durch Windlasten mit mechanischen Befestigungen oder Auflast auf der Unterkonstruktion.

Ist die Befestigung per Auflast vorgesehen, so hat der Auftraggeber dazu in der Leistungsbeschreibung genaue Angaben zu machen. Auch hinsichtlich der Abrechnungseinheiten, die entweder nach Gewicht [kg, t] oder Rauminhalt (Volumen) [m^3] angegeben werden können. Die Schütthöhen und das Material der

Auflast sind durch den Auftraggeber in der Leistungsbeschreibung anzugeben. Wenn der Auftraggeber wünscht, dass der Auftragnehmer die Schütthöhen der Auflast berechnet, ist das nach Punkt 4.2.17 dieser ATV eine Besondere Leistung und als solche zu vergüten. Erdaufschüttungen bei Dachbegrünungen sind nach besonderen Vorgaben auszuführen. Beim Aufbringen der Schichten ist zu prüfen, ob Anforderungen in Form einer harten Bedachung zu erfüllen sind. Auch bei ggf. höherem Dachaufbau sind die Anschlusshöhen nach 3.1.8 einzuhalten.

Bei Dächern mit mechanischer Befestigung (Haften) sind die Windsoglasten gemäß DIN EN 1991-4 zu beachten, Berechnungshilfen bieten entsprechende Tabellen in den „Richtlinien für die Ausführung von Klempnerarbeiten an Dach und Fassade" – Klempnerfachregeln.

0.2.6 *Dachneigung und Dachform.*

Die Angabe der Dachneigung ist für die Beurteilung der geplanten Ausführung unerlässlich. Die Regelausführung ist in Punkt 3.2.4 als Deckung mit Doppelstehfalzen beschrieben. Für die Doppelstehfalzdeckung ist ohne regensichernde Zusatzmaßnahmen eine Mindestdachneigung von 3° (5,2 %) vorgeschrieben. Im Bereich zwischen ≤ 3° und ≥ 7° können zum Beispiel bei zusammengesetzten Flächen und einem daraus resultierenden erhöhten Wasseranfall Zusatzmaßnahmen, wie eine Ausführung mit Unterdach oder Falzdichtbändern, erforderlich werden. Außerdem ist die Angabe der Dachneigung bei einem geplanten Dach mit Titanzinkeindeckung von wichtiger Bedeutung, denn hier sind nach Punkt 3.2.3 dieser ATV bis 15° (26,8 %) Dachneigung Trennlagen mit Dränfunktion zu verwenden. Ebenso können aus der Neigung des Daches bauphysikalische Anforderungen, wie beispielsweise Belüftungshöhen oder Be- und Entlüftungsquerschnitte, abgeleitet werden.

Auch Befestigungsmaßnahmen werden nach der Dachneigung unterschieden. So sind in Windlastzone 1 im Eckbereich bei einem Dach ≤ 30° bei einer Gebäudehöhe bis 10 m 5,1 Hafte/m^2 nötig und bei einer Dachneigung > 30° nur noch 3,8 Stück. Man sieht an diesen wenigen Beispielen, dass die Angabe der Dachneigung und -form für die Preisbildung und auch für die Beurteilung der geplanten Ausführung unerlässlich ist.

Die Form des Gebäudes bestimmt die Dachform, deshalb sind Angaben über Ecken und Versprünge zu machen.

0.2.7 Gauben, Erker, Dachausbauten und dergleichen sowie gekrümmte Teil- oder Kleinflächen.

Die Angaben über Gauben, Erker, Dachausbauten und dergleichen sowie gekrümmte Teil- oder Kleinflächen sind in der Leistungsbeschreibung unbedingt anzugeben, da diese einen bedeutend höheren Aufwand als große Flächen mit sich bringen. Es sind daher die Lage, Größe und Anzahl der Teil- oder Einzelflächen zu nennen. Hierzu gehören auch Dachaufbauten wie zum Beispiel Dachreiter, Türmchen, Laternen und dergleichen, welche unter Umständen vorgefertigt und als Ganzes aufgesetzt werden können. Es sind also detaillierte Angaben über diese Besonderheiten zu machen, damit eine vergleichbare und einwandfreie Preisbildung erfolgen kann.

0.2.8 Anzahl, Art und Ausbildung von Dachdurchdringungen, Dachfenstern, Lichtkuppeln.

Über die Art, Anzahl, Ausbildung und Lage von Durchdringungen, Dachfenstern, Lichtkuppeln und dergleichen sowie mögliches Zubehör, wie Beschattungseinrichtungen, automatische Fensteröffner und -schließer, Rauchabzüge, Lüftungsklappen usw., sind in der Leistungsbeschreibung eindeutige und erschöpfende Angaben zu machen.

Gerade in der Planung spielen die Angabe der Lage und die Größe einer Durchdringung eine große Rolle, da durch sie ein Festpunkt auf dem Dach oder in der Fassade entsteht. Diese Festpunkte sind bei der Befestigung in Bezug auf die thermischen Längenänderungen in Längs- und Querrichtung zu berücksichtigen. Fehlen diese Angaben für die Planung der Dehnfugen, Schiebehafte, Bewegungsausgleicher usw., so können Rissbildung, Aufwölbungen und verstärkte Knack- und Knistergeräusche die Folge sein.

0.2.9 Abdeckung und Bekleidung von Schornsteinen.

Zwar stellen auch Schornsteine Durchdringungen wie in Punkt 0.2.8 dar, auf diese wird allerdings in einem eigenen Punkt eingegangen, da es sich um eine besondere Form der Dachdurchdringung handelt.

In der Leistungsbeschreibung sind Angaben über die Lage, Größe und Form zu machen.

Soll der Kamin beispielsweise konisch ausgeführt werden, stellt dieses einen bedeutenden Mehraufwand dar. Auch Kamine sind hinsichtlich der Ausführung der Dachfläche als Festpunkt zu sehen. Zur Ausführung sind das Merkblatt

„Bekleidungen von Oberflächen an Schornsteinen und Abgasanlagen in Klempnertechnik“ und die bauaufsichtlichen Vorschriften, DIN-Normen und Unterlagen der Schornsteinsystem-Hersteller zu beachten.

0.2.10 *Bauseitig vorhandene Sättel oberhalb von Durchdringungen.*

Sättel werden zur Ableitung von Niederschlagswasser hinter Durchdringungen angebracht. Nach den „Richtlinien für die Ausführung von Klempnerarbeiten an Dach und Fassade (Klempnerfachregeln)“ sollten Kehlen hinter Durchdringungen ab einer Länge > 1 m möglichst mit Sattel ausgeführt werden, um eine ungehinderte Ableitung des Niederschlagswassers zu gewährleisten. Da Sättel einen erhöhten Material- und Arbeitsaufwand und eine besondere Anforderung an die Einbindung in die Metalldeckung bedeuten, ist eine Angabe über deren bauseitiges Vorhandensein, die Anzahl und ihre Ausbildung (Länge und Breite) in der Leistungsbeschreibung unerlässlich. Da es sich hier um bauseitig vorhandene Sättel handelt, ist die Herstellung der Sättel keine vom Auftragnehmer der Klempnerarbeiten zu erbringende Leistung, es sei denn, die Herstellung der Unterkonstruktion gehört zu dessen Leistungsumfang. Dann sind je nach Art der Unterkonstruktion andere Allgemeine Technische Vertragsbedingungen (ATV) zu beachten, wie zum Beispiel die ATV DIN 18334 „Zimmer- und Holzbauarbeiten“ bei Unterkonstruktionen aus Holz. Wenn die Unterkonstruktion durch den Auftragnehmer der Klempnerarbeiten erbracht wird, sind Angaben über die Anzahl, Art, Länge und ihre Ausbildung zu machen.

Nach Punkt 3.1.1 sind insbesondere bei fehlenden Sätteln an Dachdurchdringungen Bedenken anzumelden.

0.2.11 *Art und Lage von Dachentwässerungen.*

Für die Art und Lage der Dachentwässerung ist eine Vielzahl von Faktoren bestimmend. Als Grundlage für die Dimensionierung der Dachentwässerung ist die DIN EN 12056-3 „Schwerkraftentwässerungsanlagen innerhalb von Gebäuden – Teil 3: Dachentwässerung, Planung und Bemessung“ in Verbindung mit der DIN 1986-100 „Entwässerungsanlagen für Gebäude und Grundstücke“ zu berücksichtigen.

Die Dachentwässerung richtet sich nach der Dachform, der Gebäudeart und -nutzung, dem Standort und der Grundfläche. Im Wesentlichen werden vorgehängte und innenliegende Dachrinnen unterschieden. Bei vorgehängten Rinnen erfolgt die Notentwässerung im Regelfall über die Rinnenvorderkante. Bei diesen Rinnen ist anzugeben, ob eine halbrunde oder eine kastenförmige

Rinne gewünscht wird, da diese Unterschiede in ihrer Ablaufleistung aufweisen. Bei innenliegenden Rinnen ist diese Art der Notentwässerung nicht möglich, weshalb diese eine besondere Art der Entwässerung darstellen. Innenliegende Rinnen kommen beispielsweise bei Shed- und Trogdächern zur Anwendung. In diesem Fall ist die Notentwässerung gesondert zu planen, da sich bei verstopften oder überforderten Abläufen das Niederschlagswasser ins Gebäudeinnere ergießen würde. Im Hinblick auf die Gebäudenutzung und das damit verbundene Schutzziel kann eine Sicherheitsrinne erforderlich werden. Diese Sicherheitsrinne mit gesonderter Entwässerung ist in der Leistungsbeschreibung nach Art, Ausbildung und Dimensionierung erschöpfend zu beschreiben. Geeignet für solche Sicherheitsrinnen sind beispielsweise auch Bitumen- oder Kunststoffdachbahnen. Außerdem ist die Lage der Grundleitungen anzugeben, da Dachrinnen nur auf einer beschränkten Länge das Wasser sicher ableiten können. Auch Rinnenwinkel oder vorgesehene Laubfangkörbe sind zu erwähnen, da diese die Abflussleistung reduzieren.

0.2.12 *Zuschnittsbreite oder Richtgröße der Dachrinnen, Anzahl, Art und Maße der Rinnenhalter, Regenfallrohre, Traufbleche und dergleichen in Zuschnittbreite (gegebenenfalls größte abgewickelte Bauteilbreite) und deren Dicke.*

Die Zuschnittsbreite oder die Richtgröße von Dachrinnen und Regenfallrohren ist von einer Vielzahl von Faktoren abhängig und bei der Preisbildung von großer Bedeutung. Die Abmessungen richten sich in erster Linie nach der Regenspende der jeweiligen Region und nach der Größe des Gebäudegrundrisses; die anfallende Niederschlagsmenge wird maßgeblich vom Gebäudestandort bestimmt. Laut der Fachinformation „Bemessung von vorgehängten und innenliegenden Rinnen“ sind beispielsweise für die Region um Bocholt 255 und für die Region um Rosenheim 440 Liter/Hektar/Sekunde bei Starkregenereignissen r5/5 (5 Minuten Regenereignis einmal in 5 Jahren) anzusetzen. Man sieht also, dass die Dimensionierung maßgeblich vom Gebäudestandort, aber auch von der Grundfläche des Gebäudes abhängt. Außerdem sind wie vorher beschrieben auch die Entfernungen der Regenfallrohre bzw. der Rinnenabläufe untereinander Faktoren für die Bemessung der Entwässerungsbauteile. So kann es also vorkommen, dass eine Dachentwässerung mit den gleichen Parametern nur durch die Veränderung der Lage der Abläufe nicht mehr funktioniert und so auch schon bei „normalem“ Regen versagt. Dieses würde bei vorgehängten Rinnen in der Regel nicht zu Problemen führen, bei innenliegenden Rinnen allerdings schon, da das Niederschlagswasser in die Dachkonstruktion eindringen könnte. Bei der Lage der Dachentwässerung ist darauf zu achten, ob schädliche Einflüsse von ablaufendem Niederschlagswasser darüber liegender Dachflächen ausgehen können. Das können zum Beispiel Dachbahnen aus Bitumen oder ECB sein. Auf Bitumen- und ECB-Bahnen entstehen infolge von UV-Strahlung saure Abbauprodukte. Diese werden von Niederschlagswasser aufgenommen und können so schädliche Einflüsse auf die Dachrinne haben. Problematisch ist in diesem Zusammenhang, wenn nur geringe Mengen Wasser (Tau oder leichter Regen) die Abbauprodukte aufnehmen, da diese dann eine stärker konzentrierte saure Flüssigkeit bilden würden und so das Metall besonders schädigen. In solchen Fällen sind Schutzanstriche für die Dachentwässerung vorzusehen. Siehe dazu auch Kommentierung dieser ATV in den Punkten 3.1.2 und 3.1.3.

Die Anzahl und Art der Rinnenhalter ist maßgeblich von der zu erwartenden Beanspruchung und der Rinnengröße abhängig. Hohe Belastungen ergeben sich beispielsweise aus Schneelasten. Werden Spreize verwendet, gelten Rinnenhalter mit sonst gleichen Abmessungen als höher belastbar.

Rinnenhalterabstand + 40 mm	Übliche Beanspruchung Reihe	Hohe Beanspruchung Reihe
700 mm	1	3
800 mm	2	4
900 mm	3	–

Quelle: Klempnerfachregeln, ZVSHK

Spreize sind regional auch als Brieden, Übereisen bekannt. Die Zuschnittsbreite der Traufbleche und dergleichen richtet sich in erster Linie nach der Dachneigung, da die Dachneigung die Überdeckung der Deckwerkstoffe auf das Traufblech bestimmt. Siehe hierzu Tabelle 15 der Klempnerfachregeln. Bei all diesen Bauteilen ist die Werkstoffdicke in der Leistungsbeschreibung anzugeben.

0.2.13 *Art und Ausbildung von Anschlagpunkten, Leiterhaken, Schneefanggittern und Wasserabweisern.*

In der Leistungsbeschreibung ist erschöpfend zu beschreiben, welche Art und Ausführung von Anschlagpunkten, Leiterhaken, Schneefanggittern oder Wasserabweisern der Auftraggeber haben möchte. Auch die Anzahl ist anzugeben, damit diese in die Preisfindung einfließen kann.

Bei Anschlagpunkten sind grundsätzlich starre Anschlagpunkte und bewegliche Anschlagpunkte mit Seilen oder Schienen zu unterscheiden. Die Hersteller solcher Anschlagpunkte bieten hier eine Vielzahl von Lösungen an. Anschlagpunkte auf Dächern werden auch hinsichtlich der aufzunehmenden Kraft unterschieden. Zum einen gibt es Anschlagpunkte des Typs A, der nur Kräfte in Fallrichtung aufnehmen kann, zum anderen gibt es den Typ B, der sowohl in Fall- als auch in Querrichtung Kräfte aufnehmen kann.

Beim Einbau von Schneeschutzsystemen ist in der Leistungsbeschreibung zu definieren, ob es sich dabei um ein Halte- oder ein Fangsystem handelt. Haltesysteme werden im Gegensatz zu Fangsystemen in mehreren Reihen angebracht. In der Regel werden einreihige Schneefangsysteme im Bereich der Traufe angewendet. Bei großen Sparrenlängen und in schneereichen Gebieten können auch mehrreihige Systeme nötig werden. Als Schneehaltesysteme sind entweder Schneenasen oder lineare Systeme aus mehreren Einzelreihen anzusehen. In der Klempnertechnik können Schneenasen allerdings nicht angewendet werden. In den meisten Fällen werden Systeme aus Rohren oder Gittern angewendet. Schneefänge aus Holzbalken haben sich in der Vergangenheit als nicht unbedingt geeignet erwiesen, da diese nach mehreren Jahren freier Bewitterung ihre Festigkeit verlieren und eventuell den Ablauf von Regen oder Tauwasser sperren. Insbesondere bei Metallbedachungen können Eishalter in Frage kommen. Wegen der zu erwartenden Last sind in den meisten Fällen bereits bei der Ausführung der Metalldachdeckung eine höhere Anzahl an Haften zu verwenden. Somit ist es unabdingbar, bereits im Vorfeld Angaben über Anschlagpunkte, Leiterhaken und Schneefanggitter zu machen.

Wasserabweiser sind temporäre Einrichtungen zur Ableitung des Niederschlagswassers während der Bauphase und sind nach Punkt 4.1.8 dieser ATV Nebenleistungen und somit nicht gesondert zu vergüten. Nach diesem Punkt ist dazu das Anbringen, Vorhalten und Beseitigen der Wasserabweiser zu berücksichtigen. Damit der Auftragnehmer diese in seine Kalkulation einbeziehen kann, sind die Angaben zur Art, Ausführung und Anzahl der Wasserabweiser unbedingt nötig. Für die Kalkulation ist dabei zu beachten, dass Bauteile, die nicht in das Bauwerk eingehen, nach Punkt 2.2 ATV DIN 18299, nach Wahl des Auftragnehmers gebraucht oder ungebraucht sein dürfen.

0.2.14 *Bauseitig vorhandene Gefällestufen.*

Gefällestufen bieten sich als Lösung zur Aufnahme der thermischen Längenänderung bei geringen Dachneigungen an, da sich Längenänderungen nur im Bereich von lose überdeckenden Querverbindungen, am oberen oder unteren Ende von Scharen aufnehmen lassen. Ab einer Dachneigung von weniger als 7° können Querverbindungen nur noch wasserdicht, das heißt also nicht mehr dehnfähig ausgebildet werden. Lassen sich also auch mit Spezialschiebehaften und/oder in Abstimmung mit den Herstellern keine einteiligen Scharen mehr verlegen, bleibt nur die Lösung mit Gefällestufe als Unterbrechung in der Dachfläche. Der Gefällesprung ist eine in der Unterkonstruktion bereits vorhandene Unterbrechung der Dachfläche und ist nach Tabelle 8 dieser ATV ab einer Dachneigung von ≥ 3° möglich. Im Gegensatz zum Gefällesprung lässt sich der Aufschiebling später noch auf die Unterkonstruktion aufbringen und ist nach den Fachregeln des Klempnerhandwerkes erst ab einer Dachneigung von ≥ 7° möglich. Aufgrund des Dachneigungswechsels ist zu beachten, dass beim Aufschiebling die kleinste zulässige Dachneigung ≥ 3° eingehalten wird. Da die Ausführung einer Gefällestufe, egal in welcher Form, einen Mehraufwand an Material und besonders an Zeit verlangt und somit erheblich zur Preisfindung beiträgt, ist es unerlässlich, Angaben darüber in der Leistungsbeschreibung zu machen. Für die Planung solcher Gefällestufen sind die maximalen Abstände von Bewegungsausgleichern nach Tabelle 1 dieser ATV zu beachten. In Abstimmung mit den Herstellern der Dacheindeckungsprodukte aus Metall kann bei Scharen mit Überlängen auch eine Lösung mit Spezialschiebehaften mit größerem Gleitbereich erfolgen.

***0.2.15** Besondere mechanische, chemische und thermische Beanspruchungen, denen Stoffe und Bauteile nach dem Einbau ausgesetzt sind.*

Da die Beanspruchungen aus der näheren Umgebung maßgeblich Einfluss auf die Lebensdauer eines Bauwerkes nehmen, sind diese in der Leistungsbeschreibung durch den Auftraggeber anzugeben. Insbesondere bei Metalldächern und -fassaden nehmen diese Einflüsse eine wichtige Rolle bei der Lebensdauer ein. Mechanische Beanspruchungen ergeben sich in den meisten Fällen durch exponierte Lagen und die daraus resultierenden erhöhten Windlasten. Exponierte Lagen können sich aus Gipfel- oder Kammlagen als auch aus Standorten an Steilküsten, Abhängen oder auf großen freien Flächen ergeben. Die Gebäudehöhe kann ebenso wie der Standort in Bezug auf die Höhe über NN dazu führen, ein Bauwerk als exponiert anzusehen. Ein Standort am Ende einer Häuserschlucht kann auch zum Vorliegen einer exponierten Lage führen.

Chemische Einflüsse ergeben sich beispielsweise aus industriellen Ansiedlungen mit aggressiven Emissionen. Aber auch die bereits zuvor erwähnten aggressiven Abbauprodukte von Bitumen- oder ECB-Bahnen in Verbindung mit Wasser sind in diesem Zusammenhang zu nennen.

Um Schädigungen durch diese Einflüsse zu vermeiden, ist es also unbedingt nötig, dass in Bezug auf das Dachdeckungsmaterial in der Leistungsbeschreibung Angaben vom Auftraggeber gemacht werden, damit der entsprechende Werkstoff ausgewählt werden kann (Beispiel: Schleiferei → Flugrost).

0.2.16 *Maßnahmen zur provisorischen Sturmsicherung.*

Insbesondere unfertige Bauwerke sind stärker durch Windbelastungen gefährdet als fertige. Das Fehlen der Fenster beispielsweise bietet dem Wind die Möglichkeit, sowohl Windsog auf der Außenseite als auch Winddruck von der Innenseite auf das Bauwerk, respektive das Dach, auszuüben. Werden also nach Ansicht des Auftraggebers weitere Maßnahmen zur provisorischen Windsicherung nötig, so sind diese durch den Auftraggeber eindeutig zu beschreiben.

Siehe hierzu Punkte 3.2.1 und 3.3.4 in Verbindung mit Abbildungen 1 bis 4 und Tabellen 4 bis 7.

0.2.17 *Anforderungen an den Brand-, Schall-, Wärme- und Feuchteschutz sowie lüftungstechnische Anforderungen.*

Die Anforderungen an den Brand-, Schall-, Wärme- und Feuchteschutz, aber auch lüftungstechnische Anforderungen sind in den Bauordnungen der Länder, in Verordnungen, in Richtlinien und in Normen niedergelegt. Der Auftraggeber hat genau anzugeben, welche Anforderungen er verwirklicht haben möchte. Pauschale Angaben wie z. B.: „für die Einhaltung der Brandschutzanforderungen gilt DIN 4102“ oder „der Schallschutz muss DIN 4109 entsprechen“, „für den Wärmeschutz gilt die EnEV“ usw. erfüllen nicht die Vorgabe von VOB Teil A § 7 und sind wenig hilfreich. Bei Brandschutzanforderungen sind die Ansprüche an die somit nötige harte Bedachung genau zu definieren.

0.2.18 *Art und Dicke der Dämmstoffschichten.*

Da durch die Dicke und die Wärmeleitfähigkeit der Dämmschicht die Energiebilanz des Gebäudes maßgeblich beeinflusst wird, sind diese Angaben in der Leistungsbeschreibung unverzichtbar. Des Weiteren sind die Angaben zum Dämmstoff wichtig für die Eigenschaften Brand- und Schallschutz und deshalb genauestens zu beschreiben. Da in Bezug auf Dämmschichten eine Vielzahl von Lösungen möglich ist, ist für eine einwandfreie Vergleichbarkeit der Preise eine genaue Beschreibung unerlässlich. Auch in Bezug auf die Druckfestigkeit sind Angaben zu machen. Ist die Metalldacheindeckung direkt auf der Dämmung zu verlegen, so ist das in der Leistungsbeschreibung unbedingt anzugeben, da dann ein deutlich höherer Aufwand bei der Befestigung einzuplanen ist (beispielsweise Krallenplatten bei Schaumglas oder Teleskophafte und Haftleisten bei trittfester Dämmung).

***0.2.19** Art, Umfang und Ausbildung der Hinterlüftung sowie Abdeckung ihrer Öffnungen.*

Luft kann Wasser in Form von Wasserdampf aufnehmen. Diese Aufnahmefähigkeit wird von der Temperatur der Luft bestimmt. Wenn die Temperatur der mit Wasserdampf angereicherten Luft fällt, kann der Wasserdampf als Kondensat ausfallen. Dieser physikalische Vorgang tritt auch bei der Feuchteabfuhr aus Gebäuden auf. Um das Gebäude vor Durchfeuchtung zu schützen, können Dächer und Außenwandbekleidungen 2-schalig, das heißt belüftet, ausgeführt werden. Durch diesen Belüftungsraum wird die mit Wasserdampf angereicherte Luft abgeführt, bevor Kondensat ausfallen kann. Da diese Strömung von der Dachneigung beeinflusst wird, sind die Belüftungshöhen sowie Lüftungsquerschnitte in der Leistungsbeschreibung anzugeben. Die Belüftung soll dabei an der tiefsten Stelle, in der Regel an der Traufe, und die Entlüftung am höchsten Punkt, in der Regel am First, sein. In diesem Zusammenhang ist auch die Nutzung des Gebäudes von großer Bedeutung. Handelt es sich um ein Gebäude mit besonderem Innenklima, ist mit erhöhter Luftfeuchtigkeit zu rechnen. Dieses ist zum Beispiel bei Wäschereien, Schwimmbädern oder Saunen der Fall. Kuppeln und Paraboloiden werden als unterschiedlich geneigte durchlüftete Konstruktionen ausgeführt, bei denen die Bauwerksteile und Unterkonstruktionen im Allgemeinen parallel verlaufen. Für die Bemessung der Luftschichthöhe ist folgende Faustregel zu beachten: 1 m Sparrenlänge = 1 cm Luftraumhöhe, mindestens jedoch 6 cm. Ein Expandieren der Dämmung ist in diesem Zusammenhang unbedingt zu vermeiden, damit der Lüftungsquerschnitt nicht beeinträchtigt wird.

In der Leistungsbeschreibung ist ebenfalls anzugeben, wie der Schutz vor Tieren ausgeführt werden soll. Dies kann beispielsweise durch Lochblech, Gaze, Maschendrahtgeflecht und dergleichen passieren. Für den erforderlichen Belüftungsquerschnitt ist auf ausreichenden Lochanteil zu achten.

Nach DIN 4108-3 und DIN 68800 sind nachweisfreie Dachkonstruktionen möglich. Da beide DIN-Normen jedoch unterschiedliche Aussagen bezüglich der Lüftungsquerschnitte machen, sollte in der Leistungsbeschreibung bereits die geforderte DIN formuliert werden, da die geforderte Ausführung die Preisfindung maßgeblich beeinflusst. Spätestens bei Vertragsschluss sollte jedoch darauf geachtet werden, welche DIN-Norm vereinbart wird. Im Einzelfall kann auch der Nachweis durch einen Bauphysiker geführt werden. Wünscht der Auftraggeber eine unbelüftete einschalige Konstruktion, so ist dieses in der Leistungsbeschreibung in Punkt 0.2.22 oder 0.2.23 anzugeben. In diesem Fall ist auf einen ausreichenden s_d-Wert der Dampfbremse auf der Rauminnenseite sowie eine handwerklich einwandfreie Ausführung des Dachaufbaues zu achten.

0.2.20 *Gestaltung und Einteilung von Flächen, Raster- und Fugenausbildung, Struktur, Farbe, Oberflächenbehandlung. Besondere Verlegeart.*

Es ist möglich, dass der Auftraggeber für das zu errichtende Gebäude oder für Teile davon eine ganz bestimmte optische Wirkung erschaffen möchte. Eine solche gestalterische Wirkung kann zum Beispiel durch eine Unterteilung/Einteilung der zu deckenden Fläche, Ausbildung der Fugen, Wahl des Deckungsmaterials und dessen Struktur sowie Farbe, Oberflächenbeschaffenheit und in der besonderen Verlegeart geschaffen werden. Derartige Mittel, um die gestalterische Wirkung zu erzielen, können beispielsweise sein:

- Aufteilung der zu deckenden Fläche nach Symmetriegesichtspunkten oder Hervorhebung einer Teilfläche,
- Herausstellung der Fugen oder Betonung von bestimmten Fugen, um das Gebäude zu untergliedern,
- Wahl eines bestimmten Deckungsmaterials, wie z. B. walzblank, matt, profiliert usw.,
- Farbwahl des Deckungsmaterials, wie z. B. metallisch, patiniert, farbbeschichtet und dergleichen,
- Oberflächenbehandlung, wie poliert, gebeizt, beschichtet und dergleichen,
- besondere Verlegeart, wie diagonaler Verlauf der Scharen, Einbindung von andersfarbigen oder Schmuck-Elementen, Kombination von senkrechter und waagerechter Verlegung, Verlegung in unterschiedlichen Scharenbreiten, Leisten usw.

Die beispielhafte Aufzählung macht deutlich, welche Angaben in der Leistungsbeschreibung notwendig sind, um zu vergleichbaren Preisbildungen zu kommen und die gestalterischen Vorstellungen des Auftraggebers umzusetzen. Diese Angaben lassen sich am besten durch Zeichnungen unmissverständlich darstellen. Wenn besonderer Anspruch an die handwerkliche Ausführung gestellt wird, sollte auch das in der Leistungsbeschreibung vermerkt sein.

0.2.21 *Abdichtung und Abdeckung von Fugen.*

Anschluss-, Rand- und Trennfugen treten am Bauwerk bzw. in dessen Bekleidung bei Fenstern, bei Anschlüssen, bei Durchdringungen und bei Dehnfugen, die aus bauphysikalischen Gründen angeordnet werden müssen, auf. Unter diesem Punkt muss angegeben werden, welchen Belastungen der Dichtstoff ausgesetzt werden wird und welche Anforderungen in Bezug beispielsweise auf Brandverhalten, zur UV-Beständigkeit oder zur Fungizidität (Pilzhemmung) gestellt werden. Des Weiteren ist in der Leistungsbeschreibung anzugeben, ob ein Haftvermittler (Primer) für den Dichtstoff vorgeschrieben ist. Es muss aus diesen Angaben hervorgehen, um welche Art Fuge es sich handelt, was die zu erbringende Leistung bezwecken und mit welchem Dichtstoff-System die Leistung ausgeführt werden soll. Dabei ist zu beachten, dass starken Einflüssen ausgesetzte Fugen eine geringe Lebensdauer haben und somit als Wartungsfugen nach DIN 52460 „Fugen- und Glasabdichtungen“ anzusehen sind. Es empfiehlt sich also, zumindest für die Zeit der Gewährleistung, einen Wartungsvertrag zu schließen, damit immer eine funktionierende Fuge gewährleistet werden kann. Wartungsfreie Fugen lassen sich nur durch das Verstemmen mit Bleiwolle erreichen.

0.2.22 Art, Stoffe und Maße der Bauteile für die Dachdeckungen und Art und Ausbildung ihrer Befestigung.

Diese Angaben in der Leistungsbeschreibung sind für die Ausführung der Dachdeckungen in Metall sehr wichtig. Nach Punkt 3.2.4 dieser ATV ist die Doppelstehfalzdeckung als Regelausführung anzusehen bzw. in Punkt 3.2.5 die Leistendeckung. Werden hier keine Angaben über eine andere Deckung, wie zum Beispiel die Winkelstehfalzdeckung, gemacht, wird die Deckung im Doppelstehfalzsystem ausgeführt. Es ist anzugeben, ob Band- oder Tafeldeckung herzustellen ist und welcher Werkstoff verwendet werden soll. Des Weiteren ist hier die Befestigung zu definieren. Wenn aufgrund der Dachneigung Sondermaßnahmen für Falzdichtungen erforderlich werden, sind Art und Ausführung hinreichend zu beschreiben. In dieser ATV wird die Regelausführung der Befestigung in Punkt 3.2.1 in Verbindung mit den Tabellen 4 bis 6 und den Abbildungen 1 bis 3 beschrieben und ist danach mit Haften auszuführen. Wird die Befestigung der Metalldeckung mit Verklebung oder bei Flachdächern durch Auflast gewünscht, ist dies hier anzugeben. Man kann diesen wenigen Punkten entnehmen, wie wichtig diese Angaben für eine vergleichbare Preisbildung sind.

Dachneigungsgrenzen aus den Klempnerfachregeln

Dachneigung	Ausführung der Dachdeckung
< 3°	Rollennahtgeschweißte Deckung aus nicht rostendem Stahl; Sondermaßnahmen für andere Metalle
≥ 3° bis 7°	Doppelstehfalzdeckung Im Dachneigungsbereich ≥ 3° bis < 7° sind Sondermaßnahmen erforderlich (z. B. Dichtbandeinlage, Falzerhöhung bzw. Unterdach)
≥ 3° bis 15°	zusätzliche Maßnahmen bei Titanzink, wenn nicht direkt auf Holz verlegt, z. B. strukturierte Trennlage
≥ 7°	Deutsche Leistendeckung
≥ 1,5°	Industriell vorgefertigte Stehfalzprofile, ohne Querstöße, Durchbrüche, Oberlichter usw. oder mit geschweißten Querstößen
≥ 2,9°	Industriell vorgefertigte Stehfalzprofile, mit gedichteten Querstößen, Durchbrüchen, Oberlichtern usw.
≥ 25° bis < 80°	Belgische Leistendeckung
≥ 25°	Winkelstehfalzdeckung
≥ 10°	Bleideckung mit Hohl- oder Holzwulst

Quelle: Nach Klempnerfachregeln, ZVSHK; hier ohne Fußnoten

Die Hersteller von verzinntem nichtrostendem Stahl fordern, neigungsunabhängig, zusätzlich dichtende Maßnahmen. Es ist zu beachten, dass herstellerabhängig, zusätzlich für alle Edelstahlmaterialien neigungsunabhängig Dichtmaßnahmen gefordert werden.

0.2.23 *Art und Stoffe der Bekleidungen, Maße der Einzelteile sowie Art und Ausbildung ihrer Befestigung, z. B. sichtbar oder nicht sichtbar.*

Auch bei Außenwandbekleidungen sind die gleichen Angaben wie in Punkt 0.2.22 zu machen. Im Bereich der Fassade sind allerdings auch andere Ausführungen der Bekleidung möglich, beispielsweise kann auch ein waagerechter, ein diagonaler oder aber auch ein wechselnder Scharenverlauf in Frage kommen. Für die geforderte gestalterische Wirkung wird auf Punkt 0.2.20 und für die Regelausführung auf Punkt 3.3 verwiesen. Soll von der Regelausführung der Winkelstehfalzdeckung abgewichen werden, ist das in der Leistungsbeschreibung anzugeben; hierbei sind auch, anders als beim Winkelstehfalzsystem, direkte und sichtbare Befestigungen möglich (z. B. bei Wellprofilen aus Metall).

0.2.24 Art und Ausbildung von Trennschichten.

Zwischen der Unterkonstruktion und der Metalldacheindeckung ist eine Trennlage anzuordnen. Trennlagen haben die Aufgabe, die Metalleindeckung von der Unterkonstruktion zu entkoppeln. Weitere Aufgabe der Trennlage ist der Schutz vor schädigenden Einwirkungen aus dem Untergrund (zum Beispiel Zement, Mörtel oder Holzschutzmittel) oder sie dient als Behelfsdeckung während der Bauphase. Ferner können durch Trennlagen Prassel- und Trommelgeräusche reduziert werden. Die Trennlagen können aus Kunststoff- oder Bitumenbahnen bestehen. Grundsätzlich wird zwischen strukturierten und nicht strukturierten Trennlagen unterschieden. Bei der Planung der Trennlage sind bereits im Vorfeld die Eigenschaften der Trennlage hinsichtlich Hitze- und UV-Beständigkeit, Formstabilität, Reißfestigkeit, Dampfdurchlässigkeit und Eignung als Behelfsdeckung zu beachten.

Außerdem wird in diesem Zusammenhang auf die Punkte 3.1.4 und 3.2.3 hingewiesen, welche besagen, dass Metalle beispielsweise durch Trennlagen vor schädigenden Einflüssen zu schützen sind. Strukturierte Trennlagen sind bei Regelausführung für den Werkstoff Titanzink bis 15° Dachneigung erforderlich sowie bei unbelüfteten Dachaufbauten und Schalungen aus Holzwerkstoffplatten.

0.2.25 Art des Korrosionsschutzes sowie Farbe des Oberflächenschutzes oder der Beschichtung.

Damit die Unterkonstruktion, die auch aus Stahl oder Beton bestehen kann, die Langlebigkeit eines Metalldaches erreicht, sind geeignete Maßnahmen im Hinblick auf den Korrosionsschutz zu treffen. Dies können Beschichtungen, Verzinkungen oder eventuell das Verwenden von korrosionsbeständigen Materialien sein. Wenn der Auftraggeber einen Korrosions-, Oberflächenschutz oder eine Beschichtung verlangt, ist auch dieses genau nach Art und Farbe zu beschreiben. Es ist darauf zu achten, dass Anstriche der Wartung bedürfen. Bei industriell hergestellten Beschichtungen ist die Bildung einer Patina möglich.

Für den Korrosionsschutz der Metalleindeckung wird auf Punkt 3.1.3 dieser ATV hingewiesen.

0.2.26 *Art des konstruktiven und chemischen Holzschutzes.*

Ein großer Vorteil von Dacheindeckungen aus Metall besteht darin, dass Metalldächer langlebiger sind als die meisten anderen Deckwerkstoffe. Damit auch die Unterkonstruktion, aus Vollholz oder aus Holzwerkstoffen, diese Langlebigkeit erreicht, sind geeignete konstruktive und chemische Maßnahmen im Hinblick auf den Holzschutz zu treffen Hierbei ist durch den Auftraggeber anzugeben, welche Art des konstruktiven und chemischen Holzschutzes vorgesehen bzw. gewünscht ist. Im Vordergrund stehen auch konstruktive Maßnahmen nach DIN 68800.

0.2.27 *Ausführung von zusätzlichem Korrosionsschutz.*

Der Standort des Gebäudes und die damit verbundenen Umwelteinflüsse und Emissionen, zum Beispiel aus Industriebetrieben, können es erforderlich machen, einen zusätzlichen Korrosionsschutz aufzubringen. Ist das durch den Auftraggeber gewünscht, so ist dieses genau zu beschreiben. In diesem Zusammenhang wird auf den Schutz der Dachentwässerung und die Kommentierung dieser ATV in Punkt 0.2.15 hingewiesen.

0.2.28 *Scharenbreiten und Achsabstände.*

Da der Falzverlust bei einer 520 mm breiten Schar ca. 13 % beträgt, bei 720 mm Breite allerdings nur 10 %, ist es für eine vergleichbare Preisbildung der Bieter unerlässlich, die Scharenbreiten bzw. die Achsabstände anzugeben. Außerdem beeinflusst die Scharenbreite den Arbeitsaufwand. Die maximalen Scharenbreiten sind in Abhängigkeit von Gebäudehöhe und Werkstoffdicke in Tabelle 3 als Regelausführung angegeben. Soll von dieser abgewichen werden, sind entsprechende Angaben in der Leistungsbeschreibung zu machen.

0.2.29 *Liefern von Verlege- oder Montageplänen.*

In den meisten Fällen, besonders bei Wandbekleidungen mit Fenstern, ist es unerlässlich, nach einem Montage- oder Verlegeplan zu arbeiten. Wenn der Auftraggeber das Erstellen von Verlege- oder Montageplänen durch den Auftragnehmer wünscht, so ist dies in der Leistungsbeschreibung nach Anzahl und Umfang anzugeben. Das Beibringen von Ausführungsunterlagen ist nach VOB/B § 3 eigentlich Aufgabe des Auftraggebers. Wenn der Auftragnehmer mit der Erstellung von Montage- oder Verlegeplänen beauftragt wird, ist das nach Punkt 4.2.16 dieser ATV eine Besondere Leistung und auch als solche zu vergüten.

***0.2.30** Befestigungen bei besonderen Dachformen oder Vorliegen der Windzone 4.*

Wenn andere Dachformen als in den Bildern 1 bis 3 oder Dächer in Windzone 4 vorliegen, sind diese nicht mehr durch die Tabellen 4 bis 6 in Verbindung mit Bildern 1 bis 4 abgedeckt, da diese Tabellen und Bilder lediglich die gängigen Dachformen (Sattel-, Pult-, Flach- und Walmdächer) in vereinfachter Form in Anlehnung an die DIN EN 1991-1-4 „Windlasten" darstellen. Somit ist in diesem Fall im Leistungsverzeichnis eine genaue Beschreibung der Befestigung durch den Auftraggeber zu machen. Diese muss durch einen Einzelnachweis des Auftraggebers erbracht werden. Wenn dieses durch den Auftragnehmer erbracht werden soll, so ist dieses nach Punkt 4.2.15 eine Besondere Leistung und auch als solche zu vergüten.

***0.2.31** Art und Ausbildung der Unterkonstruktion und ihrer Verankerung.*

Die Unterkonstruktion bildet die tragende Schicht für die Metalleindeckung bzw. -bekleidung. Diese muss unter Berücksichtigung von statischen Nachweisen, technischen Baubestimmungen und Sicherheitsanforderungen dauerhaft mit dem Bauwerk verbunden werden. Die dafür nötigen Angaben sind in der Leistungsbeschreibung durch den Auftraggeber klar und eindeutig anzugeben. Außerdem werden an die Unterkonstruktion weitere Anforderungen gestellt. Es sind Angaben darüber zu machen, aus welchem Material die Tragschicht herzustellen ist, ob die Unterkonstruktion gedämmt werden soll und welche Anforderungen an Brand-, Schall-, Feuchteschutz und Statik gestellt werden. Außerdem ist anzugeben, ob ein be- oder unbelüfteter Dachaufbau vorgesehen ist.

Bei der Verwendung einer Unterkonstruktion aus Holz wird wegen des konstruktiven und chemischen Holzschutzes auf den Punkt 0.2.26 dieser ATV hingewiesen. Wenn die Unterkonstruktion nicht durch den Auftragnehmer der Klempnerarbeiten erbracht wird, ist diese vor Beginn seiner Arbeiten durch den Klempner auf Eignung zu prüfen.

***0.2.32** Art und Anzahl der Dübel, Dübelleisten, Traufbohlen und dergleichen, die zur Verankerung bauseitig vorhanden sind.*

Für die Verankerung der Metalldeckung bzw. -bekleidung werden Befestigungen benötigt. Bei einer Unterkonstruktion aus Holz stellt sich dieses nicht als problematisch dar, da im Holz in der Regel überall Befestigungen gesetzt werden können. Besteht die Unterkonstruktion jedoch beispielsweise aus Beton, sind für die Befestigung Dübel oder Dübelleisten erforderlich. Diese müssen genau durch den Auftraggeber nach Art und Anzahl beschrieben werden. Auch Krallenplatten auf Schaumglas oder Teleskophafte auf Dämmung gehören unter diesen Punkt. Des Weiteren sind auch Verankerungspunkte von Einrichtungen für Schornsteinfegerarbeiten sowie Haltevorrichtungen für Antennen anzugeben. Bei Bedarf sind auch Einrichtungen zur Versorgung des Gebäudes über Dach mit elektrischer Energie, Blitzschutzeinrichtungen, Solarthermie- und Photovoltaikanlagen und dergleichen genau durch den Auftraggeber zu beschreiben, damit eine einheitliche Preisbildung stattfinden kann. Erforderliche statische Berechnungen sind durch den Auftraggeber zu erbringen. In diesem Zusammenhang ist Punkt 3.1.1 dieser ATV zu beachten. Hier wird insbesondere darauf hingewiesen, dass bei fehlenden oder ungeeigneten Befestigungsmöglichkeiten Bedenken anzumelden sind.

***0.2.33** Art und Ausführung der Wandanschlüsse.*

Wandanschlüsse stellen die Verbindung zwischen der Dachfläche und aufgehenden Bauteilen dar. Es sind genaue Angaben über die Art und die Ausführung, insbesondere aber auch über den Untergrund, auf dem der Wandanschluss befestigt werden soll, zu machen. Ist bei der Erstellung des Wandanschlusses eine Koordinierung mit anderen Handwerkern nötig – beispielsweise bei Wärmedämmverbundsystemen mit dem Stuckateur –, so ist das vom Auftrageber zu übernehmen. Werden keine Angaben über die Wandanschlüsse gemacht, so werden diese wie in Punkt 3.1.8 als Regelausführung beschrieben ausgeführt. Außerdem wird auf Punkt 3.1.1 dieser ATV hingewiesen. Nach diesem Punkt sind Bedenken anzumelden, wenn die Lage oder die Befestigungsmöglichkeit von Anschlüssen als ungeeignet zu sehen ist. Dieses kann insbesondere in Bezug auf die Anschlusshöhe bei Terrassentüren der Fall sein.

0.2.34 Bewegungsausgleicher nach Art oder Typ und Anzahl.

Bewegungsausgleicher dienen dazu, thermische Längenänderungen zu kompensieren und somit Rissen oder anderen Beschädigungen vorzubeugen. Bewegungsausgleicher sind in der Leistungsbeschreibung durch den Auftraggeber nach Art/Typ und Anzahl zu spezifizieren. Für den Abstand der Bewegungsausgleicher gilt Tabelle 1 dieser ATV. Als Arten von Bewegungsausgleichern kommen eine Vielzahl in Frage. Bei Dachrinnen können dieses zum Beispiel industriell hergestellte Dehnungsausgleicher, Hochpunktschiebenähte oder ein Einhangstutzen sein. Bei der Stehfalzdeckung kann die Dehnung bei überlangen Scharen durch Gefällestufen (siehe dazu Punkt 0.2.14), die Querdehnung bei großen Trauflängen beispielsweise durch Leisten aufgenommen werden. Längenausdehnungen sind auch bei Mauerabdeckungen zu beachten. Ecken bzw. Richtungsänderungen sind als Festpunkte auszuführen. Das heißt, dass Bewegungsausgleicher beidseits von Ecken und Richtungsänderungen anzuordnen sind. Bei Ecken gelten die halben Werte von Tabelle 1. Beim Einsatz von Bewegungsausgleichern ist auch die Längenänderung der Bauteile bei den jeweiligen Temperaturverhältnissen zu beachten. Hierbei ist in den Klempnerfachregeln eine Temperaturdifferenz von 100 K (–20 °C bis +80 °C) zugrunde gelegt.

0.2.35 Art und Ausführung von provisorischen Abdeckungen und Abdichtungen sowie deren Beseitigung.

Da auch provisorische Abdeckungen und Abdichtungen, welche nach Beendigung der Bauarbeiten wieder entfernt werden, einen hohen Aufwand bedeuten, sind diese in der Leistungsbeschreibung genau zu erfassen und entsprechend zu vergüten. Der Auftraggeber hat Angaben über die Art und Ausführung solcher provisorischen Abdeckungen bzw. Abdichtungen zu machen.

0.2.36 Besonderer Schutz der Leistungen, z. B. Verpackung, Kantenschutz und Abdeckungen.

Wenn der Auftraggeber einen besonderen Schutz verlangt, ist dieser genau zu beschreiben, damit für den Auftragnehmer ersichtlich ist, ob es sich um eine Neben- oder eine Besondere Leistung handelt. Während beispielsweise nach Punkt 4.1.4 loses Abdecken eine Nebenleistung ist, ist das Abkleben der Dachfläche nach Punkt 4.2.12 eine Besondere Leistung. Man sieht also, dass es von großer Bedeutung ist, die durch den Auftraggeber gewünschte Maßnahme zum Schutz von Bauteilen genau zu beschreiben. Hier sollte der Auftraggeber auch die nötigen Schutzmaßnahmen beschreiben, die sich im Verlauf des Baufortschritts ergeben (z. B. das Schützen von Mauerabdeckungen während des Verputzens der Fassade). Ebenfalls ist zu beachten, dass der Risikoübergang erst mit der Abnahme vom Auftragnehmer auf den Auftraggeber geschieht.

0.3 Einzelangaben bei Abweichungen von den ATV

0.3.1 *Wenn andere als die in dieser ATV vorgesehenen Regelungen getroffen werden sollen, sind diese in der Leistungsbeschreibung eindeutig und im Einzelnen anzugeben.*

Die ATV 18339 „Klempnerarbeiten" beschreibt lediglich die Regelausführung. Wenn der Auftraggeber eine andere als die Regelausführung wünscht, ist dieses ausdrücklich und unmissverständlich in der Leistungsbeschreibung anzugeben. Wird beispielsweise als regensichernde Zusatzmaßnahme eine Falzerhöhung gewünscht, so ist diese anzugeben, da in Punkt 3.2.4 die Regelausführung mit 23 mm angegeben ist.

0.3.2 *Abweichende Regelungen können insbesondere in Betracht kommen bei*

Insbesondere bei folgenden Punkten kommen Abweichungen von der Regelausführung in Frage.

Abschnitt 3.1.5, wenn die maximale Scharenlänge nach Tabelle 1, Zeile 4 überschritten werden soll, z. B. unter Verwendung von Spezialschiebehaften (z. B. Langschiebehafte),

Hier kann die maximal zulässige Scharlänge beispielsweise durch Abstimmung mit den Herstellern und unter Verwendung von Langschiebehaften mit einem größeren Gleitbereich durchaus überschritten werden.

Abschnitt 3.1.8, wenn bauliche Vorgaben eine Unterschreitung der Mindestanschlusshöhe erfordern (z. B. Terrassenaustritt, barrierefreie Ausführung),

Eine Ausführung ohne die Mindestanschlusshöhe zu erreichen, ist immer eine Sonderlösung. Hier sollten Bedenken nach Punkt 3.1.1 angemeldet werden. Für den barrierefreien Bau werden seitens der Hersteller Lösungen mit Abläufen in direkter Nähe zum Terrassenaustritt angeboten (zum Beispiel Gitterroste).

Definition für die Mindesthöhe von Blechanschlüssen aus den Klempnerfachregeln:

Für die Mindesthöhe von Blechanschlüssen über der fertigen Dachabdichtung (Schüttung oder Belag) gilt Tabelle 14. Das obere Ende von Anschlüssen und Winkelblechen ist regensicher zu verwahren. Zur Einhaltung der Anschlusshöhe bei Balkontüren, Dach- und Terrassenaustritten muss sichergestellt sein, dass die konstruktiven Voraussetzungen gegeben sind. Ist dies nicht der Fall, müssen Maßnahmen getroffen werden, die den Anschluss trotz der geringeren Anschlusshöhe funktionssicher herstellen, z. B. der Einbau von Entwässerungsrinnen oder eines Balkonablaufs vor dem Ausstieg, freier und/oder seitlicher Ablauf usw. Die Anschlusshöhe sollte jedoch mindestens 50 mm (oberes Ende des Anschlussbleches, unter der Hebeschiene) über Oberfläche Belag betragen. Für eine behindertengerechte, barrierefreie Bauausführung sind Sondermaßnahmen vorzusehen.

Abschnitt 3.2.1, wenn bei rollennahtgeschweißten Dächern die Windsogsicherung durch Auflast erfolgt,

Hier kann eine besondere Art der Befestigung in Frage kommen. Da ein rollennahtgeschweißtes Dach eine Abdichtung darstellt, kann die Befestigung durch Auflast, zum Beispiel durch Kies, Begrünung oder Betonklötze/-platten erfolgen.

Abschnitt 3.2.4, wenn Dachgeometrien einen abweichenden Falzverlauf erfordern,

Dies kann der Fall sein, wenn beispielsweise kein Kehlblech angebracht wird, sondern die Dachfläche von der einen zur anderen mit konisch gekanteten Scharen als Schwenkkehle durchläuft.

Abbildung 3: Skizze Schwenkkehle

Quelle: Peter Ness, Berlin

Abbildung 4: Schwenkkehle

Abschnitt 3.2.10, wenn bei Dachneigungen ≥3° <7° auf eine wasserdichte Ausführung der Quernähte verzichtet werden soll (z.B. durch Gefällestufe),

In diesem Dachneigungsbereich ist es möglich, die als wasserdicht auszuführenden Quernähte bei einer Dachneigung <7° so auszuführen, dass beispielsweise durch Ausbildung einer Gefällestufe die erforderliche Regensicherheit erreicht wird.

Abschnitt 3.5.3, wenn der Abstand der Tropfkante weniger als 20 mm betragen soll.

Eine Abweichung von der Regelausführung ist wenig empfehlenswert. Der Abstand der Tropfkante dient dem Schutz von Putz- oder Anstrichflächen. Dies ist insbesondere bei Abdeckungen aus Kupfer der Fall. Sollte der Auftraggeber die Optik der Abdeckung vor den Schutz von Putz oder Anstrichflächen stellen, so ist dieses in der Leistungsbeschreibung eindeutig und im Einzelnen anzugeben.

Abschnitt 3 wenn andere Dachformen als in Bild 1 bis 3 und/oder Objekte in Windzone 4 vorliegen.

Diese Aufzählung ist nur beispielhaft und schließt keinesfalls Abweichungen, auch in anderen Punkten dieser ATV, aus. Diese müssen dem Auftragnehmer durch den Auftraggeber ausreichend genau beschrieben werden. Je genauer die Beschreibung der Leistung, desto eindeutiger sind die technischen Vertragsbedingungen geregelt, die dem Auftrag später zu Grunde liegen. Besonders in Bezug auf die Befestigung sind hier Abweichungen möglich.

Diese sind dann einzeln durch den Auftraggeber nachzuweisen. Bei Runddächern kommen Abweichungen von der Mindestdachneigung in Frage.

0.4 Einzelangaben zu Nebenleistungen und Besonderen Leistungen

Keine ergänzende Regelung zur ATV DIN 18299, Abschnitt 0.4.

Gegenüber ATV DIN 18299, Abschnitt 0.4 sind unter diesem Punkt keine ergänzenden Regelungen zu Nebenleistungen und Besonderen Leistungen in der ATV DIN 18339 vorgesehen. Es gelten also die Angaben, die zu Nebenleistungen und Besonderen Leistungen in ATV DIN 18299 gemacht sind.

0.5 Abrechnungseinheiten

Im Leistungsverzeichnis sind die Abrechnungseinheiten wie folgt vorzusehen:

Die nachfolgende Aufzählung nennt nur drei Maßgrößen:

- Flächenmaß in m^2
- Längenmaß in m
- Anzahl in Stück

In seltenen Fällen können bei Klempnerarbeiten aber auch noch die Maßgrößen

- Gewicht in kg oder t
- Volumen in m^3

vorkommen, z. B. bei Aufschüttungen zur Windsogsicherung und dergleichen.

Die in den Punkten 0.5.1 bis 0.5.3 dieser ATV angegebenen Abrechnungseinheiten sind so für die verschiedenen Bauteile in der Leistungsbeschreibung anzugeben. Für nicht angegebene Bauteile sind die üblichen Maßgrößen zu verwenden. Bei den Kiesschüttungen wären diese dann in Gewicht oder Volumen anzugeben.

0.5.1 *Flächenmaß (m^2), getrennt nach Bauart und Maßen, für*

- *Dachdeckungen, Wandbekleidungen und dergleichen,*
- *Trenn- und Dämmschichten und dergleichen.*

Diese unter Punkt 0.5.1 angegebenen Bauteile werden in Quadratmeter (m^2) abgerechnet. Auch Folien oder Vor- und Schutzanstriche werden nach Quadratmetern abgerechnet.

Bei der Abrechnung dieser Bauteile sind die lohnintensiven Arbeiten wie Grat, Kehle und dergleichen nicht inkludiert, sondern werden nach Punkt 0.5.2 gesondert nach Metern (m) abgerechnet.

0.5.2 *Längenmaß (m), getrennt nach Bauart und Maßen, für*

- *geformte Bleche, Blechprofile, z. B. Firste, Grate, Traufen, Kehlen, An- und Abschlüsse, Einfassungen, Gefällestufen, Bewegungselemente, Abdeckungen für Gesimse, Ortgänge, Fensterbänke, Leibungen, Stürze, Überhangstreifen,*
- *Schneefangsysteme, einschließlich Stützen,*
- *Rinnen und Traufbleche,*
- *Wulstverstärkungen an Rinnen,*
- *Regenfallrohre,*
- *Strangpressprofile,*
- *in Streifen verlegte Trenn- und Dämmschichten.*

Punkt 0.5.2 führt die Bauteile auf, bei denen nach Länge, also in Metern (m) abgerechnet wird, da eine Abrechnung nach Fläche oder Stück hier keinen Sinn machen würde. Hier finden sich auch die unter Punkt 0.5.1 beispielhaft aufgezählten lohnintensiven Arbeiten wieder.

0.5.3 *Anzahl (St), getrennt nach Bauart und Maßen, für*
- *Ecken bei geformten Blechen und Blechprofilen,*
- *Formstücke bei Strangpressprofilen,*
- *Anschlagpunkte, Leiterhaken, Laufroste, Halterungen für Laufroste, Dachlukendeckel, Schneefanggitter, Einfassungen für Durchdringungen, z. B. Lüftungshauben, Dachentlüfter, Rohre und Stützen für Geländer,*
- *Bewegungsausgleicher, z. B. an Dachrinnen, Traufblechen, An- und Abschlüssen, Gesims- und Mauerabdeckungen,*
- *Rinnenwinkel, Bodenstücke, Ablaufstutzen, Rinnenkessel, Rinnenhalter, Spreizen, Gliederbogen, konische Rohre für Ablaufstutzen, Regenrohrklappen, Rohranschlüsse, Rohrbogen, -abzweige, -wulste, -kappen und -winkel, Standrohre, Rohrschellen und Abdeckplatten, Laub- und Schmutzfänger, Wasserspeier und dergleichen,*
- *Abdeckhauben an Schornsteinen, Schächten und dergleichen.*

Diese hier aufgezählten Bauteile werden nach Anzahl in Stück abgerechnet. Nach Punkt 5.3.2 werden beispielsweise Rinnenwinkel beim Aufmessen der Dachrinne nach Längenmaß übermessen und in einer eigenen Position als Stück abgerechnet. Diese Regelung bedarf keiner weiteren Erläuterung.

1 Geltungsbereich

1.1 Die ATV DIN 18339 „Klempnerarbeiten" gilt für die Ausführung von Metall-Dächern, von Metall-Wandbekleidungen mit am Bau zu falzenden Metallbauteilen und von sonstigen Klempnerarbeiten.

Der Punkt 1.1 ist nicht misszuverstehen. Er umfasst alle Arbeiten mit Metallen in handwerklicher Klempnertechnik an Dach und Fassade. Als allgemein anerkannte Regel der Technik sind in diesem Bereich die „Richtlinien für die Ausführung von Klempnerarbeiten an Dach und Fassade – Klempnerfachregeln" des ZVSHK anzusehen.

1.2 Die ATV DIN 18339 gilt nicht für
- Deckungen mit genormten Well- und Pfannenblechen (siehe ATV DIN 18338 „Dachdeckungs- und Dachabdichtungsarbeiten"),
- Fassaden und Bekleidungen mit Metallbauteilen (siehe ATV DIN 18360 „Metallbauarbeiten"),

- Blecharbeiten bei Dämmarbeiten (siehe ATV DIN 18421 „Dämm- und Brandschutzarbeiten an technischen Anlagen“),
- hinterlüftete Außenwandbekleidungen mit Unterkonstruktionen (siehe ATV DIN 18351 „Vorgehängte Hinterlüftete Fassaden“).

Trotz des klar definierten Geltungsbereiches in Punkt 1.1 sind hier in Punkt 1.2 einige Arbeiten aufgeführt, in denen die ATV DIN 18339 „Klempnerarbeiten“ keine Geltung hat.

Für diese Arbeiten sind dann die geltenden ATV zu beachten.

In ATV DIN 18338 „Dachdeckungs- und Dachabdichtungsarbeiten“ sind das Außenwandbekleidungen mit vorgefertigten, kleinformatigen und spitzenförmigen Rauten aus Aluminium. In ATV DIN 18360 „Metallbauarbeiten“ sind hinterlüftete Metallfassaden nach DIN 18516-1 „Außenwandbekleidungen, hinterlüftet – Teil 1: Anforderungen, Prüfgrundsätze“ als Regelausführung enthalten. Bei ATV DIN 18421 „Dämm- und Brandschutzarbeiten an Produktions- und Verteilungsanlagen der Industrie und der Technischen Gebäudeausrüstung“ sind es Ummantelungen aus Metall für Dämmungen an Anlagen der technischen Gebäudeausrüstung. ATV DIN 18351 „Vorgehängte hinterlüftete Fassaden“ gilt für hinterlüftete Bekleidungen von Bauteilen im Außen- und Innenbereich wie Wände, Stützen, Brüstungen, Attiken, Decken und dergleichen.

Dass es weitere Allgemeine Technische Vertragsbedingungen (ATV) gibt, in denen Außenwandbekleidungen aus anderen Materialien behandelt werden, wird nur der Vollständigkeit halber erwähnt, weil nicht ausgeschlossen werden kann, dass derartige Arbeiten im Rahmen von Klempnerarbeiten vergeben werden. Es handelt sich dabei um die ATV DIN 18334 „Zimmer- und Holzbauarbeiten“ und um die ATV DIN 18355 „Tischlerarbeiten“.

Sind derartige Arbeiten im Auftrag enthalten, gelten für Ausführung und Abrechnung die jeweils genannten ATV.

1.3 Ergänzend gilt die ATV DIN 18299 „Allgemeine Regelungen für Bauarbeiten jeder Art“, Abschnitte 1 bis 5. Bei Widersprüchen gehen die Regelungen der ATV DIN 18339 vor.

Da, wie bereits mehrfach angesprochen, die ATV DIN 18299 „Allgemeine Regelungen für Bauarbeiten jeder Art“ und die fachspezifische ATV DIN 18339 „Klempnerarbeiten“ zusammengehören, wird hier nochmals auf diese Verknüpfung verwiesen. Zusammen mit den Punkten 1 bis 5 der ATV DIN 18339 gelten die Punkte 1 bis 5 der ATV DIN 18299. Sollten dabei Widersprüche enthalten sein oder aber im speziellen Fall auftreten, gehen die Regelungen der ATV DIN 18339 vor. Weiterhin wird auf VOB Teil B § 1 Nr. 2 und die dort enthaltene Regelung hingewiesen. Dort heißt es:

„Bei Widersprüchen im Vertrag gelten nacheinander:

1. *die Leistungsbeschreibung,*
2. *die Besonderen Vertragsbedingungen,*
3. *etwaige Zusätzliche Vertragsbedingungen,*
4. *etwaige Zusätzliche Technische Vertragsbedingungen,*
5. *die Allgemeinen Technischen Vertragsbedingungen für Bauleistungen,*
6. *die Allgemeinen Vertragsbedingungen für die Ausführung von Bauleistungen."*

2 Stoffe, Bauteile

Ergänzend zur ATV DIN 18299, Abschnitt 2, gilt:

Grundsätzlich gehört zum Ausführen der Arbeiten durch den Auftragnehmer auch das Liefern der dazugehörigen Stoffe und Bauteile, einschließlich Abladen und Lagern auf der Baustelle.

Dennoch kann es der Fall sein, dass die zu verwendenden Stoffe oder Bauteile durch den Auftraggeber gestellt werden. Um Streitigkeiten bezüglich der Haftung zu vermeiden, sollte das jedoch der Ausnahmefall sein.

Werden die Stoffe und Bauteile durch den Auftraggeber geliefert, so hat der Auftragnehmer zu prüfen, ob diese für den jeweiligen Verwendungszweck geeignet und aufeinander abgestimmt sind. Des Weiteren müssen diese Stoffe ungebraucht sein. Wiederaufbereitete (Recycling-)Stoffe gelten als ungebraucht, wenn sie ebenfalls für den jeweiligen Verwendungszweck geeignet und aufeinander abgestimmt sind. Wenn durch den Auftragnehmer Bedenken gegen die Eignung oder die Verwendbarkeit der Stoffe bestehen, so sind diese gemäß VOB/B § 4 Nr. 3 anzumelden.

Wird das Material vom Auftraggeber bereitgestellt, so hat der Auftragnehmer dieses rechtzeitig anzufordern.

Für die gebräuchlichsten genormten Stoffe und Bauteile sind die DIN-Normen und weitere Anforderungen nachstehend aufgeführt.

Die im Anschluss aufgeführten DIN- bzw. DIN-EN-Normen sind nur beispielhaft. Es würde im Rahmen dieser Kommentierung zu weit führen, jede dieser aufgeführten Normen abzuhandeln.

2.1 Zinkbleche und Zinkbänder

DIN EN 988	Zink und Zinklegierungen – Anforderungen an gewalzte Flacherzeugnisse für das Bauwesen

2.2 Stahlbleche und Stahlbänder

2.2.1 Feuerverzinkte und beschichtete Stahlbleche und Stahlbänder

DIN EN 10143	Kontinuierlich schmelztauchveredeltes Blech und Band aus Stahl – Grenzabmaße und Formtoleranzen
DIN EN 10346	Kontinuierlich schmelztauchveredelte Flacherzeugnisse aus Stahl – Technische Lieferbedingungen

2.2.2 Nichtrostende Stahlbleche und Stahlbänder

DIN EN 10028-7	Flacherzeugnisse aus Druckbehälterstählen – Teil 7: Nichtrostende Stähle
DIN EN 10088-2	Nichtrostende Stähle – Teil 2: Technische Lieferbedingungen für Blech und Band aus korrosionsbeständigen Stählen für allgemeine Verwendung
DIN EN ISO 9445-1	Kontinuierlich kaltgewalzter nichtrostender Stahl – Grenzabmaße und Formtoleranzen – Teil 1: Kaltband und Kaltband in Stäben
DIN EN ISO 9445-2	Kontinuierlich kaltgewalzter nichtrostender Stahl – Grenzabmaße und Formtoleranzen – Teil 2: Kaltbreitband und Blech

2.3 Kupferbleche, Kupferbänder, Kupferprofile

DIN EN 1652	Kupfer- und Kupferlegierungen – Platten, Bleche, Bänder, Streifen und Ronden zur allgemeinen Verwendung

2.4 Aluminium und Aluminiumlegierungen

DIN 17611	Anodisch oxidierte Erzeugnisse aus Aluminium und Aluminium-Knetlegierungen – Technische Lieferbedingungen
DIN EN 485-1	Aluminium und Aluminiumlegierungen – Bänder, Bleche und Platten – Teil 1: Technische Lieferbedingungen
DIN EN 485-2	Aluminium und Aluminiumlegierungen – Bänder, Bleche und Platten – Teil 2: Mechanische Eigenschaften
DIN EN 485-4	Aluminium und Aluminiumlegierungen – Bänder, Bleche und Platten – Teil 4: Grenzabmaße und Formtoleranzen für kaltgewalzte Erzeugnisse
DIN EN 573-3	Aluminium und Aluminiumlegierungen – Chemische Zusammensetzung und Form von Halbzeug – Teil 3: Chemische Zusammensetzung und Erzeugnisformen
DIN EN 754-1	Aluminium und Aluminiumlegierungen – Gezogene Stangen und Rohre – Teil 1: Technische Lieferbedingungen
DIN EN 754-2	Aluminium und Aluminiumlegierungen – Gezogene Stangen und Rohre – Teil 2: Mechanische Eigenschaften
DIN EN 755-1	Aluminium und Aluminiumlegierungen – Stranggepresste Stangen, Rohre und Profile – Teil 1: Technische Lieferbedingungen
DIN EN 755-2	Aluminium und Aluminiumlegierungen – Stranggepresste Stangen, Rohre und Profile – Teil 2: Mechanische Eigenschaften

2.5 Bleche aus Blei und Bleilegierungen

DIN 17640-1	Bleilegierungen für allgemeine Verwendung
DIN 59610	Blei und Bleilegierungen – Gewalzte Bleche aus Blei zur allgemeinen Verwendung
DIN EN 12548	Blei und Bleilegierungen – Bleilegierungen in Blöcken für Kabelmäntel und Muffen

2.6 Feuerverzinkte und feuerverbleite Bauteile

DIN EN ISO 1461	Durch Feuerverzinken auf Stahl aufgebrachte Zinküberzüge (Stückverzinken) – Anforderungen und Prüfungen

Feuerverzinkte Stahlteile müssen gut haftende und dichte Überzüge aufweisen.

2.7 Dachrinnen und Regenfallrohre

DIN EN 607	Hängedachrinnen und Zubehörteile aus PVC-U – Begriffe, Anforderungen und Prüfung
DIN EN 612	Hängedachrinnen mit Aussteifung der Rinnenvorderseite und Regenrohre aus Metallblech mit Nahtverbindungen
DIN EN 1462	Rinnenhalter für Hängedachrinnen – Anforderungen und Prüfung

2.8 Verbindungsstoffe (Schweiß-, Löt- und Klebstoffe) und Verbindungselemente

DIN EN 1045	Hartlöten – Flußmittel zum Hartlöten – Einteilung und Technische Lieferbedingungen
DIN EN 29454-1	Flußmittel zum Weichlöten – Einteilung und Anforderungen – Teil 1: Einteilung, Kennzeichnung und Verpackung
DIN EN ISO 3506 (alle Teile)	Mechanische Eigenschaften von Verbindungselementen aus nichtrostenden Stählen
DIN EN ISO 3581	Schweißzusätze – Umhüllte Stabelektroden zum Lichtbogenhandschweißen von nichtrostenden und hitzebeständigen Stählen – Einteilung
DIN EN ISO 9453	Weichlote – Chemische Zusammensetzung und Lieferformen
DIN EN ISO 17672	Hartlöten – Lote
DIN EN ISO 18273	Schweißzusätze – Massivdrähte und -stäbe zum Schmelzschweißen von Aluminium und Aluminiumlegierungen – Einteilung

Die in dieser ATV genannte DIN EN 29454-1 Flußmittel zum Weichlöten – Einteilung und Anforderungen – Teil 1: Einteilung, Kennzeichnung und Verpackung wurde ersetzt durch die DIN EN ISO 9454-1.

3 Ausführung

Ergänzend zur ATV DIN 18299, Abschnitt 3, gilt:

Diese hier folgend beschriebenen Ausführungen gelten, wie bereits vorher schon erwähnt, in Verbindung mit den Regelungen der DIN 18299 Punkt 3. Die DIN 18299 enthält die allgemeinen Festlegungen zur Baustelle, zu den Verkehrs- und Ver- und Entsorgungsanlagen, zur Aufrechterhaltung der Zugänglichkeit der Baustelle und zum Verhalten und zu den Maßnahmen, die zu ergreifen sind, wenn Schadstoffe angetroffen werden. Die ATV DIN 18339 befasst sich in Punkt 3 mit den spezifischen Ausführungen von Klempnerarbeiten.

3.1 Allgemeines

3.1.1 Als Bedenken nach § 4 Abs. 3 VOB/B können insbesondere in Betracht kommen:

- Abweichungen des Bestandes gegenüber den Vorgaben,
- ungenügende Tragfähigkeit oder Beschaffenheit des Untergrundes,
- größere Unebenheiten des Untergrundes als nach DIN 18202 „Toleranzen im Hochbau – Bauwerke" zulässig,
- ungeeignete Bedingungen, die sich aus der Witterung ergeben (siehe Abschnitt 3.1.2),
- fehlende Bezugspunkte,
- fehlende oder ungeeignete Befestigungsmöglichkeiten an Anschlüssen, Aussparungen, z. B. Durchdringungen,
- fehlende Be- und Entlüftung bei zu durchlüftenden Dächern und hinterlüfteten Wandbekleidungen,
- ungeeignete Art und Lage von Durchdringungen, Entwässerungen, Anschlüssen, Schwellen und dergleichen,
- fehlende oder ungenügende Bewegungsmöglichkeiten (z. B. Gefällestufe),
- fehlende oder ungenügende bauliche Voraussetzungen für Sicherheitsüberläufe,
- fehlende Sättel an Dachdurchdringungen,
- zu große Achsabstände.

Der Auftragnehmer ist verpflichtet zu prüfen, ob die Leistungen, die vom Auftraggeber beschrieben wurden, mit der Forderung zur Mängelfreiheit für die Erstellung des Gewerkes, zur Einhaltung von Gesetzen und Verordnungen, zur Einhaltung der allgemein anerkannten Regeln der Technik usw. mit seinen üblichen Mitteln zerstörungsfrei zu erbringen sind.

In diesem Zusammenhang wird auf VOB/B § 4 Nr. 3 hingewiesen. Dieser Paragraph besagt: „Hat der Auftragnehmer Bedenken gegen die vorgesehene Art der Ausführung (auch wegen der Sicherung gegen Unfallgefahren), gegen die Güte der vom Auftraggeber gelieferten Stoffe oder Bauteile oder gegen die Leistung anderer Unternehmer, so hat er sie dem Auftraggeber unverzüglich – möglichst schon vor Beginn der Arbeiten – schriftlich mitzuteilen." Kann also beispielsweise auf der Arbeit eines Vorunternehmers kein mängelfreies Werk hergestellt werden, so ist dieser Paragraph in Anspruch zu nehmen und schriftlich Bedenken anzumelden. Dies wäre zum Beispiel der Fall, wenn die Unterkonstruktion durch einen Vorunternehmer erbracht worden wäre, diese aber eine zu geringe Schalungsdicke oder den falschen Holzschutz aufweisen würde oder wenn in der Leistungsbeschreibung keine Dehnungsausgleicher bei einer über 15 m langen Dachrinne vorgesehen sind. Führt der Auftragnehmer den Auftrag ohne Bedenkenanmeldung durch, so muss er für eventuelle daraus resultierende Mängel haften. Die Aufzählung in Punkt 3.1.1 ist nur beispielhaft und keinesfalls komplett, was aus dem Wort „insbesondere" zu erkennen ist. Sie ist lediglich eine Aufzählung von Punkten, die möglicherweise zu Problemen führen können.

3.1.2 Bei ungeeigneten Bedingungen, die sich aus der Witterung ergeben, z. B. Feuchtigkeit bei Klebearbeiten, stehender Nässe, Temperaturen unter +5 °C bei Klebearbeiten, sowie Metalltemperatur unter +10 °C für Arbeiten mit Titanzink oder bei Schnee und Eis, sind in Abstimmung mit dem Auftraggeber besondere Maßnahmen zu ergreifen. Sollten hierfür Leistungen erforderlich werden, sind dies Besondere Leistungen (siehe Abschnitt 4.2.6).

Dieser Punkt besagt, dass in Absprache mit dem Auftraggeber besondere Maßnahmen zu treffen sind, damit sich die ungeeigneten Witterungsbedingungen nicht nachteilig auf die Klempnerarbeiten auswirken können. Die in diesem Punkt angegebenen Beispiele stellen nur einen Teil von nachteiligen Witterungsverhältnissen dar und sind keinesfalls vollständig. Beispielsweise kann auch starker Wind dazu führen, dass ein Kran oder eine Hebebühne nicht aufgestellt werden kann und somit die Arbeiten nicht auszuführen sind. Werden wegen ungeeigneter Witterungsverhältnisse Schutzmaßnahmen zur Fortführung der Arbeiten nötig, so sind diese Maßnahmen Besondere Leistungen nach Punkt 4.2.6 und müssen auch als solche vergütet werden. Wie und bei welchen Witterungsverhältnissen Stoffe und Bauteile verarbeitet werden können, ist den Verarbeitungsanleitungen, -richtlinien der Hersteller, den Richtlinien und Merkblättern der Verbände und ähnlichen Veröffentlichungen zu entnehmen.

Von besonderer Bedeutung ist dieses, wenn sich die witterungsbedingte Verzögerung negativ auf den Termin der Fertigstellung auswirkt. In diesem Zusammenhang wird auf VOB/B § 6 Nr. 2 hingewiesen. Dieser sagt: „Witterungseinflüsse während der Ausführungszeit, mit denen bei der Abgabe des Angebots normalerweise gerechnet werden musste, gelten nicht als Behinderung." Man sieht also, dass einige wenige Tage mit ungeeigneten Witterungsverhältnissen nicht dazu führen, dass Besondere Leistungen zur Einhaltung des Fertigstellungstermins gerechtfertigt sind.

3.1.3 Bei Verwendung verschiedener Metalle müssen, auch wenn sie sich nicht berühren, schädigende Einwirkungen aufeinander ausgeschlossen sein; dies gilt insbesondere in Fließrichtung des Wassers.

Metalle sind als Bauteile an Dach und Fassade durch Niederschläge oder durch Kondensation von feuchter Luft an den kalten Oberflächen der Feuchtigkeit ausgesetzt. Durch die Dampfdiffusion vom Gebäudeinneren nach außen sind auch die Unterseiten der Deckungen und deren Befestigungsmittel Feuchtigkeit ausgesetzt. Da Metalle bei Vorhandensein eines Elektrolyts, in diesem Fall Wasser bzw. Kondensat, eine elektrochemische Spannung aufbauen und bei Kontakt zweier verschiedener Metalle die Ionen vom unedleren zum edleren transportiert werden, ist die sogenannte elektrochemische Spannungsreihe zu beachten. Für den Klempner sind folgende Metalle der elektrochemischen Spannungsreihe wichtig:

AL – ZN – FE – SN – PB – CU	
unedel	edel

Je weiter die Metalle in der elektrochemischen Spannungsreihe auseinander liegen, desto stärker ist die Zerstörung. Man sieht also, dass auf die richtige Werkstoffkombination zu achten ist, um eine Zerstörung zu vermeiden. Dieses ist auch im Bereich der Befestigung zu beachten. Werden beispielsweise Kupferhaften bei Titanzinkscharen verwendet, wird dies zwangsläufig zu Schäden an der Metalleindeckung führen. Siehe dazu Tabelle 2 dieser ATV. In diesem Zusammenhang ist auch bei der Entwässerung darauf zu achten, dass sich unedlere Metalle in Fließrichtung über den edleren befinden, da Kupferionen sich auf den unedleren Metallen, zum Beispiel Titanzink, ablagern und so zur Korrosion führen. Die Verwendung von beschichteten Blechen kann dazu führen, dass die elektrochemische Spannungsreihe außer Acht gelassen werden kann. Dies ist im Einzelfall mit dem Hersteller zu klären.

Stoff		Potential gegen Wasserstoffelektrode [Volt]	Metallcharakter
Element	Symbol		
Lithium	Li	−3,02	unedel
Kalium	K	−2,92	↓
Barium	Ba	−2,8	
Natrium	Na	−2,71	
Strontium	St	−2,7	
Kalzium	Ca	−2,5	
Magnesium	Mg	−2,34	
Aluminium	**Al**	−1,69	
Mangan	Mn	−1,05	
Zink	**Zn**	−0,762	
Chrom	Cr	−0,71	
Eisen	**Fe**	−0,45	
Kadmium	Cd	−0,40	
Thallium	Tl	−0,34	
Kobalt	Co	−0,26	
Nickel	Ni	−0,25	
Zinn	**Sn**	−0,136	
Blei	**Pb**	−0,126	
Wasserstoff	H	± 0,000	
Antimon	Sb	+0,2	
Wismut	Bi	+0,2	
Arsen	As	+0,3	
Kupfer	**Cu**	+0,345	
Silber	Ag	+0,799	
Quecksilber	Hg	+0,854	
Platin	Pt	+1,2	
Gold	Au	+1,42	edel

3.1.4 Metalle sind gegen schädigende Einflüsse angrenzender Stoffe zu schützen, z. B. durch Trennschichten.

Neben der in Punkt 3.1.3 beschriebenen Korrosion durch den Einbau von verschiedenen Metallen können auch andere Stoffe, wie zum Beispiel Zement, Humus, Mörtel oder verschiedene Holzsorten eine Korrosion hervorrufen.

Gegen diese Korrosion sind geeignete Maßnahmen zu treffen. Das kann beispielsweise durch Trennlagen oder aber auch durch geeignete Schutzanstriche passieren. Die Bewertung, ob ein schädigender Einfluss vorliegt, obliegt dem Auftragnehmer.

Stoffe	alkalisch	sauer
Kalk- und Zementmörtel, Beton (frisch ausgeführt oder mit häufiger Feuchtigkeitseinwirkung), Abschwemmungen von Faserzement	+	
Gipshaltige Mörtel und Baustoffe, salzhaltige Holzschutzmittel, Druckimprägnierung	+	+
Humus (z. B. Dachbegrünungen)	+	+
Kiesschüttungen, Sand und Ausgleichsschichtungen bei Belägen	+	+
Stehendes Wasser (Niederschläge)		– –
Rückstände von Alterungsvorgängen bei ungeschützten Bitumen-Dachbahnen, -Schindeln, -Anstrichen sowie Kunststoff-Bitumen-Bahnen (z. B. ECB)		+ +
Sekundär-Schwitzwasser und Tauwasser unter dem Blech		– –
Emissionen und Kondensat von Ölfeuerungen		+ +
Emissionen und Kondensat von Gasfeuerungen		+
Emissionen und Kondensat von Kohlefeuerungen		+
Faulgase aus Kläranlagen bei Fallrohren		+ bzw. + +
Bestimmte exotische Hölzer bzw. Holzschindeln (z. B. Red Cedar)		+ bzw. + +
Bestandteile von Flachpresslatten (Spanplatten)	+ +	+
Organische Ablagerungen auf flach geneigten Dächern (Lauf usw.)	– –	+
Ablagerungen durch Industrie-Emissionen mit Anreicherungen	+	+

– – schwach
+ + stark

Sind derartige Schutzmaßnahmen nicht vorgesehen, und hat der Auftragnehmer Bedenken gegen die Ausführung, so muss er diese dem Auftraggeber schriftlich mitteilen.

3.1.5 Verbindungen und Befestigungen sind so auszuführen, dass sich die Teile bei Temperaturänderungen schadlos ausdehnen, zusammenziehen oder verschieben können. Hierbei ist von einer Temperaturdifferenz von 100 K – im Bereich von –20 °C bis +80 °C – auszugehen. Die Abstände von Bewegungsausgleichern sind in Abhängigkeit von deren Ausführung und der Art und Anordnung der Bauteile zu wählen. Für die Abstände der Ausgleicher untereinander gilt Tabelle 1.

Für die Abstände von Ecken oder Festpunkten gelten jeweils die halben Längen.

Damit die Ausdehnung bei Wärme und die Kontraktion bei Kälte problemlos aufgenommen werden kann, sind entsprechend Tabelle 1 Bewegungsausgleicher anzuordnen. Diese müssen in Abhängigkeit von der Verlegetemperatur die Ausdehnung bis zu 80 °C im Sommer und die Kontraktion bis –20 °C im Winter sowie den Temperaturwechsel Tag/Nacht aufnehmen können. Bei der Planung der Bewegungsausgleicher müssen auch die Festpunkte festgelegt werden. Ecken und Richtungsänderungen sind in diesem Zusammenhang auch als Festpunkte auszubilden. Deshalb halbiert sich an Ecken bzw. Richtungsänderungen die maximal zulässige Bauteillänge. Festpunkte sollten in der Mitte zwischen Bewegungsausgleichern liegen, damit eine ungehinderte Ausdehnung in beide Richtungen stattfinden kann.

Die folgende Rechnung soll dieses an einem Beispiel verdeutlichen.

Eine 20 m lange Titanzinkdachrinne wird bei einer Temperatur von 15 °C verlegt. Geht man von den angenommenen 80 °C im Sommer aus, so dehnt sich diese Rinne ca. 29 mm aus und zieht sich bei den angenommenen –20 °C im Winter um ca. 16 mm zusammen.

Man sieht also, dass es von großer Bedeutung ist, die Ausdehnung der Bauteile zu beachten. Für Scharen gilt der Punkt 3.2.7.

Material	Ausdehnungs-koeffizient [mm/m K]	Längenänderung bei einer Einbau-temperatur von 30 °C bis 80 °C bzw. bis −20 °C [mm/m]
Aluminium	0,024	± 1,2
verzinkter Stahl	0,012	± 0,6
Blei	0,029	± 1,5
Kupfer	0,017	± 0,9
Edelstahl (1.4301)	0,016	± 0,8
Titanzink	0,022	± 1,1
PVC-U	0,080	± 4,0
Beton	0,012	± 0,6
Ziegelmauerwerk	0,005	± 0,25

3.1.6 Gegen Abheben und Beschädigung durch Sturm sind geeignete Sicherungsmaßnahmen zu treffen.

Es sind industriell hergestellte Hafte zu verwenden. Diese sind mindestens zweifach zu befestigen und müssen unter dynamischer Belastung eine zulässige Haftbelastung von mindestens 400 N aufweisen.

Die Forderung der ATV nach Haften, die einer Belastung von 400 N standhalten, hängt damit zusammen, dass die entsprechenden Tabellen aus den Klempnerfachregeln zur Befestigung übernommen wurden. Auf die Befestigung wird noch genauer in Punkt 3.2.1 eingegangen. Für die Befestigungsmittel gilt Tabelle 2.

3.1.7 Halter für Dachrandeinfassungen und Verwahrungen im Deckbereich sind bündig einzulassen und versenkt zu verschrauben.

Für Dacheindeckungen aus Metall oder Dachabdichtungen ist ein ebener und glatter Untergrund nötig. Halter für Dachrandeinfassungen und Verwahrungen müssen eingelassen werden und sind versenkt zu schrauben. Wenn dieses nicht beachtet wird, können durch die temperaturbedingten Längenänderungen Scheuerstellen entstehen, die mit der Zeit zu Undichtigkeiten führen können. Das Einlassen von Rinnenhaltern wird in Punkt 3.5.6 dieser ATV kommentiert.

3.1.8 Anschlüsse an höher geführte Bauwerksteile sind bei einer Dachneigung bis 5° (8,8 %) mindestens 150 mm, bei einer Dachneigung über 5° (8,8 %) mindestens 100 mm über die Oberseite des Dachbelages hoch zu führen und regensicher zu verwahren.

Die Angaben in diesem Punkt sind hinsichtlich der Beschreibung der Regelausführung eindeutig. Da es im barrierefreien Bau oder bei Anschlüssen an Terrassentüren im Allgemeinen dazu kommen kann, dass diese Anschlusshöhe unterschritten wird, kommt insbesondere hier nach Punkt 0.3.2 eine abweichende Regelung in Frage. Dort heißt es: „Abweichende Regelungen können insbesondere in Betracht kommen bei Abschnitt 3.1.8, wenn bauliche Vorgaben eine Unterschreitung der Mindestanschlusshöhe erfordern (z. B. Terrassenaustritt, barrierefreie Ausführung)." Wenn das der Fall ist, muss zur Einhaltung der Anschlusshöhe bei Balkontüren, Dach- und Terrassenaustritten sichergestellt sein, dass die konstruktiven Voraussetzungen gegeben sind. Ist dies nicht der Fall, ist durch andere Maßnahmen der Anschluss funktionssicher herzustellen, siehe hierzu Punkt 0.3.2, Abschnitt 3.1.8. Die Anschlusshöhe sollte jedoch mindestens 50 mm (oberes Ende des Anschlussbleches, unter der Hebeschiene) über Oberfläche Belag betragen. Für eine behindertengerechte, barrierefreie Bauausführung sind Sondermaßnahmen vorzusehen. Die Hersteller bieten dazu eine Vielzahl an Systemen an. In Verbindung mit Terrassenbelägen oder Befestigungen durch Auflast ist zu beachten, dass die Anschlusshöhe ab Oberkante Belag gemessen wird. Für die regensichere Verwahrung wird auf das Merkblatt „Fugendichtung in der Klempnertechnik" des ZVSHK verwiesen.

Die in Punkt 3.1.8 angegebenen Mindesthöhen beschreiben lediglich die Regelausführung. Durch eine werkvertragliche Vereinbarung von Auftragnehmer und Auftraggeber können andere Anschlusshöhen vereinbart werden, die trotzdem eine technisch einwandfreie Lösung darstellen. Eine solche Vereinbarung sollte schon aus Beweisgründen schriftlich erfolgen.

3.1.9 Einzuklebende Metallanschlüsse müssen eine Klebefläche von mindestens 120 mm Breite aufweisen. Verbindungen sind wasserdicht auszuführen. Bei Längen über 3 m ist die Befestigung indirekt auszuführen.

Einzuklebende Anschlüsse sind Winkel- oder Traufbleche bei Dachabdichtungen. Damit die unterschiedlichen Bewegungen des Metalls und der Abdichtung problemlos aufgenommen werden können, ist im Übergangsbereich ein mindestens 100 mm breiter Schleppstreifen anzubringen, der einseitig aufgeklebt wird.

Um Winkelbleche vor aggressiven Abbauprodukten aus Bitumen- oder Kunststoffbahnen zu schützen, sollte ein Schutzanstrich angebracht werden, welcher ca. 20 mm über die Oberkante der fertigen Abdichtung hinausgeht. Falls ein solcher schützender Anstrich nicht vorgesehen ist, sollte der Auftragnehmer den Auftraggeber empfehlend darauf hinweisen. Auch bei diesen Anschlüssen sind die maximal zulässigen Abstände von Bewegungsausgleichern zu beachten. Der Bewegungsausgleich kann durch einen handwerklich hergestellte Bewegungsausgleicher oder einen Einkopfbewegungsausgleicher erfolgen.

3.2 Metalldachdeckungen als Falz- und Leistendächer, sowie rollennahtgeschweißte Dächer

3.2.1 Metall-Dachdeckungen sind aus Bändern oder Tafeln herzustellen. Für die Ausführung gelten die Tabellen 3 bis 7.

Für Mindestwerkstoffdicken und Scharenbreiten in Abhängigkeit von der Gebäudehöhe gilt Tabelle 3.

Für Abstand und Anzahl der Hafte gelten für die Windzonen 1 bis 3 nach DIN EN 1991-1-4 „Eurocode 1: Einwirkung auf Tragwerke – Teil 1-4 Allgemeine Einwirkungen – Windlasten“ in Verbindung mit DIN EN 1991-4 NA:2010-12 „Nationaler Anhang – National festgelegte Parameter – Eurocode 1: Einwirkung auf Tragwerke – Teil 1-4: Allgemeine Einwirkungen – Windlasten, die Bilder 1 bis 3 in Verbindung mit den Tabellen 4 bis 6.

In diesem Punkt wird lediglich die Regelausführung beschrieben. Wenn nichts anderes vereinbart wird, werden die Scharbreiten, Werkstoffdicken und die Befestigung wie in den Tabellen angegeben ausgeführt. Für die Scharenbreiten und Werkstoffdicken gilt die Tabelle 3. Die Scharenbreiten werden nach der Gebäudehöhe ausgewählt. Wünscht die Auftraggeberseite schmalere oder breitere Scharen, so ist dieses in der Leistungsbeschreibung anzugeben. Siehe dazu auch Punkt 0.2.28.

Für die Befestigung der Metalleindeckung gelten die Tabellen 4 bis 6 in Verbindung mit den Bildern 1 bis 3 und der dazu gehörigen Erklärung. Diese Tabellen und Bilder wurden aus den Klempnerfachregeln übernommen. Diese wurden zur Vereinfachung in Anlehnung an die DIN 1055 „Einwirkungen auf Tragwerke – Teil 4: Windlasten“ erstellt und haben auch nach der bauaufsichtlichen Einführung des Eurocode 1991-1-4 „Einwirkungen auf Tragwerke – Teil 1-4: Allgemeine Einwirkungen, Windlasten“ weiterhin ihre Gültigkeit. Sie stellen die gängigen Dachformen (zum Beispiel Sattel-, Walm- und Pultdach) dar. Um die komplizierte Norm zu vereinfachen, wurden die Dächer in nur noch 4 Bereiche (F, G, H, J) eingeteilt. Diese können dann anhand der Bilder 1 bis 3 ihrer Größe nach berechnet werden. Die Tabellen beinhalten in Abhängigkeit von Scharenbreite, Gebäudehöhe, Windlastzone und Dachbereich die erforderliche Anzahl an Haften pro m^2 bzw. deren maximalen Abstand. Auch wenn sich rechnerisch größere Abstände der Hafte ergeben, sind diese nur bis maximal 500 mm zulässig. Es ist zu beachten, dass diese Haftabstände ohne statischen Nachweis nicht dazu geeignet sind, Aufbauten in Form von Solaranlagen oder Ähnlichem über Falzklemmen aufzunehmen. Wenn ein Gebäude in Windlastzone 4 steht oder ein Dach mit einer anderen Form als in den Bildern 1 bis 3 dargestellt vorliegt, ist die Befestigung in Form eines Einzelnachweises durch den Auftraggeber vorzugeben. Gleiches gilt, wenn die Befestigung per Auflast oder Verkleben stattfinden soll. Wenn der Auftragnehmer den Einzelnachweis erbringen soll, ist das eine Besondere Leistung. Siehe dazu auch Kommentierung Punkt 4.2.17 dieser ATV.

BERECHNUNGSBEISPIEL

Randbedingungen

Windzone 1

Gebäudehöhe 14 m

Dachbereich G bei Dach $\alpha > 30°$

Scharenbreite 720 mm

Maximale Haftbelastung 600 N

Werte für 400 N gemäß Tabelle 4

Anzahl Haften pro m^2 bei Haft 400 N:	5,3 Stück pro m^2
Abstand bei Haft 400 N:	260 mm

Berechnung der Werte für 600 N

Anzahl der Hafte aus Tabelle 4 bis 6 × 400 / 600 = Haftanzahl pro m^2

Abstand der Hafte: 1 / Scharenbreite in m / Anzahl der Hafte pro m^2
= Abstand pro Hafte in m

Anzahl pro m^2 bei Haft 600 N:	5,3 × 400 / 600 =	3,5 Stück pro m^2
Abstand bei Haft 600 N:	1 / 0,72 / 3,5 =	400 mm

3.2.2 Bei Dachneigungen unter 7° (12,3 %) sind die Längsfalze zusätzlich abzudichten

Wenn nichts anderes vereinbart ist, müssen die Längsfalze als Regelausführung im Dachneigungsbereich von unter 7° (12,3 %) zusätzlich abgedichtet werden.

Das kann durch Falzbänder, Falzgel oder durch eine Rollennahtverschweißung bei nichtrostendem Stahl erreicht werden. Weitere Möglichkeiten, um eine erhöhte Regensicherheit zu erlangen, sind Falzerhöhungen oder das Anordnen eines regensicheren Unterdaches. Diese Möglichkeiten kommen aber nur zum Einsatz, wenn es in der Leistungsbeschreibung ausdrücklich durch den Auftraggeber beschrieben wird, da das zusätzliche Abdichten der Längsfalze die Regelausführung darstellt.

3.2.3 Bei Titanzink muss die Dachneigung mindestens 3° (5,2 %) betragen, bei Dachneigungen bis 15° (26,8 %) sind Trennlagen mit Dränfunktion einzubauen.

Wegen der Möglichkeit der unterseitigen Korrosion sind bei Titanzink im Bereich von 3° (5,2 %) bis 15° (26,8 %) besondere Maßnahmen in Form von Trennlagen mit Drainagefunktion anzuwenden. Diese Ausführung stellt die Regelausführung dar. Wünscht der Auftraggeber eine andere Ausführung, so ist dies eindeutig in der Leistungsbeschreibung anzugeben.

3.2.4 Falzdächer müssen senkrecht zur Traufe doppelte Stehfalze von mindestens 23 mm Höhe aufweisen.

Dieser Punkt beschreibt die Regelausführung für Falzdächer. Wenn in der Leistungsbeschreibung keine andere Art der Eindeckung, wie zum Beispiel das Winkelfalzsystem oder das Leistensystem, genannt werden, ist das Dach im Doppelstehfalzsystem auszuführen. Wenn als regensichernde Zusatzmaßnahme eine Falzerhöhung gewünscht ist, ist das ebenfalls in der Leistungsbeschreibung anzugeben. Nach Punkt 0.3.2 kommt insbesondere eine Abweichung in Frage, wenn die Dachgeometrie einen anderen Verlauf der Stehfalze als einen senkrecht zur Traufe verlaufenden nötig macht (zum Beispiel Schwenkkehle, siehe Abbildung 3). In diesem Zusammenhang wird auf Punkt 0.2.22 hingewiesen.

3.2.5 Leistendächer sind mit einem Leistenquerschnitt von mindestens 40 mm × 40 mm auszuführen.

Mit einer Leiste von mindestens 40 mm × 40 mm wird die Regelausführung dargestellt. Um die Regensicherheit zu erlangen, darf dieses Maß allerdings nicht unterschritten werden. Die Leistendeckung ist gekennzeichnet durch eine Holzleiste, an die sich die seitlichen Aufkantungen der Scharen anschließen. Die Holzleiste ist durch einen Leistendeckel und Scharenaufkantung zwar gegen Niederschläge regensicher, nicht aber gegen Rückstauwasser. Deshalb muss die vorgeschriebene Mindestdachneigung vorhanden sein. Siehe dazu Tabelle 35, Kapitel 8 Klempnerfachregeln. Wünscht der Auftraggeber einen anderen Querschnitt (Form oder Größe), so ist das in der Leistungsbeschreibung anzugeben. Des Weiteren ist anzugeben, welches Leistensystem erstellt werden soll. Als Beispiel dienen hier die Deutsche und die Belgische Deckung. Dabei ist zu beachten, dass die Belgische Leistendeckung nicht rückstausicher ausgebildet ist und somit nur bei einer Dachneigung von ≥ 25° bis 80° angewendet werden kann.

3.2.6 Zwischen den Unterkanten der Längsaufkantung der Scharen ist ein Abstand von mindestens 3 mm zur Aufnahme der Bewegung zwischen den Falzen vorzusehen.

Um die Querdehnung der Scharen wegen der thermischen Längenausdehnung zu gewährleisten, sind zwischen den Aufkantungen der Stehfalze mindestens 3 mm Abstand einzuhalten. Dies wird erreicht, indem einer der beiden Stehfalze (Ober- oder Unterdecker) nicht ganz auf 90° gekantet wird. In diesem Zusammenhang ist zu erwähnen, dass die Querdehnung behindert wird, wenn die Falze am Wandanschluss oder der Traufe umgelegt ausgeführt werden. Bei großen Trauflängen kann der Einbau von Leisten in bestimmten Abständen erforderlich werden.

3.2.7 Ist der Abstand zwischen First und Traufe größer als die zulässige Scharenlänge, ist ein Bewegungsausgleich nach Tabelle 8 vorzusehen.

Die zulässigen Maximallängen für Scharen sind in Tabelle 1 angegeben. Werden diese überschritten, ist ein Bewegungsausgleich entsprechend der Dachneigung nach Tabelle 8 vorzusehen. Für einen Gefällesprung ist eine bauseits vorhandene Unterkonstruktion erforderlich. Die Maximallänge von Scharen kann überschritten werden, wenn spezielle Langschiebehaften verwendet werden und dieses mit dem Metallhersteller abgestimmt ist. Insbesondere bei diesem Punkt kommen nach Punkt 0.3.2 abweichende Regelungen in Betracht.

3.2.8 Die Traufe ist so auszubilden, dass die Längenänderungen der Scharen und die Windsoglasten aufgenommen werden. Die Scharenenden müssen mittels Umschlag an dem als Haftstreifen ausgebildeten Traufblech befestigt werden.

Diese Regelausführung bedarf im Grunde keiner Beschreibung. Die Traufe muss mit einem Vorstoßblech ausgebildet werden, damit die Scharen gegen Windsog gesichert werden können. Die Umschläge der Scharen dürfen, damit die Bewegungsmöglichkeit gewährleistet ist und um Kapillarbildung vorzubeugen, nicht ganz geschlossen werden.

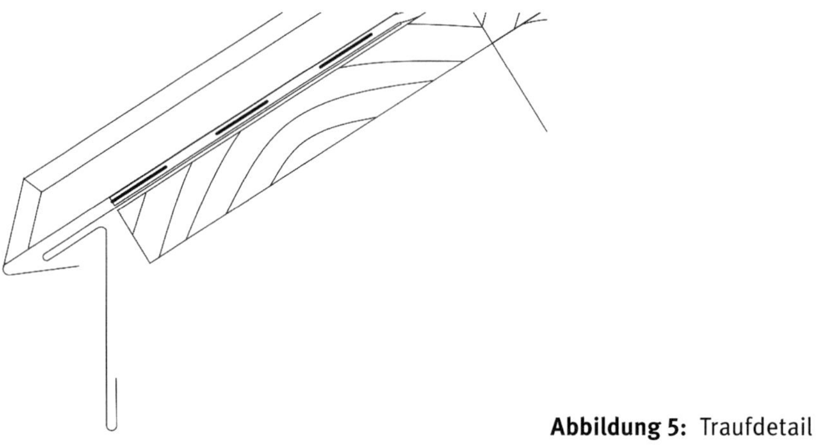

Abbildung 5: Traufdetail

3.2.9 Bei durchlüfteten Dächern dürfen durch die Ausführung der Metalldeckung die Lüftungsquerschnitte nicht beeinträchtigt werden.

Bei zweischalig belüfteten Dächern wird der Raum zwischen Unterkonstruktion und Eindeckung zur Belüftung der Konstruktion genutzt. Mit Hilfe von Belüftungsebenen können eingebaute Restfeuchte und Kondensat sicher austrocknen. Damit diese Lüftung funktioniert, müssen die Zuluftöffnungen an der Traufe und die Abluftöffnungen an First oder Wandanschluss die vorgeschriebene Größe haben. Es ist also zu vermeiden, die Lüftungsöffnungen in irgendeiner Art und Weise zu verkleinern. Das kann beispielsweise durch das Benutzen von Lüftungsgittern mit zu geringem Lochanteil oder durch zu gering bemessene Lüftungsgauben passieren. Auch ein Expandieren der Dämmung kann dazu führen, dass Lüftungshöhen zu gering sind/werden. Die Angaben über den freien Belüftungsraum und die Lüftungsschlitze sind durch den Auftraggeber zu erbringen. Werden diese Nachweise vom Auftragnehmer gefordert, so sind dies Besondere Leistungen nach Punkt 4.2.17 und als solche zu vergüten.

3.2.10 Quernähte sind nach Tabelle 9 entsprechend der Dachneigung auszuführen.

Tabelle 9 zeigt die Verbindungsarten von Quernähten in Abhängigkeit von der Dachneigung und ist somit unmissverständlich. In Punkt 0.3.2 wird darauf hingewiesen, dass gerade bei diesem Punkt abweichende Regelungen in Frage kommen. Das ist dann der Fall, wenn im Dachneigungsbereich von $\geq 3°$ und $< 7°$ die wasserdichte Verbindung durch einen Gefällesprung ersetzt werden soll.

3.3 Metall-Wandbekleidungen

3.3.1 Metall-Wandbekleidungen sind aus Bändern oder Tafeln in Winkelfalzausführung herzustellen.

Die Herstellung von Metall-Außenwandbekleidungen im Winkelfalzsystem ist die Regelausführung für die Bekleidung von Fassaden. Will der Auftraggeber eine andere Ausführung, wie zum Beispiel die Bekleidung als Leistendeckung oder im Doppelstehfalzsystem, muss er das in der Leistungsbeschreibung angeben.

3.3.2 Hinterlüftete Außenwandbekleidungen sind nach DIN 18516-1 „Außenwandbekleidungen, hinterlüftet – Teil 1: Anforderungen, Prüfgrundsätze“ auszuführen.

Für alle Arten von hinterlüfteten Fassaden gilt die DIN 18516-1 „Außenwandbekleidungen, hinterlüftet – Teil 1: Anforderungen, Prüfgrundsätze“. Außerdem wird in diesem Zusammenhang auf die ATV DIN 18351 und die Richtlinien zur Ausführung von Klempnerarbeiten an Dach und Fassade hingewiesen.

3.3.3 Unterkonstruktionen sind – den Scharenbreiten angepasst – flucht- und lotrecht zu montieren.

Außenwandbekleidungen stehen als senkrechter Teil der Gebäudehülle besonders im Auge des Betrachters. Um den hohen Anforderungen seitens des Auftraggebers gerecht zu werden, ist der Klempner bei Ausführung und Gestaltung der Fassade besonders gefordert. Entsprechend hohe Erwartungen stellen auch besondere Anforderungen an die Unterkonstruktion der Metallfassadenbekleidung. Diese muss flucht- und lotrecht montiert werden. In diesem Zusammenhang ist zu bedenken, dass an der Fassade auch eine waagerechte Eindeckung mit Scharen möglich ist. Dann muss die Unterkonstruktion vertikal oder diagonal verlegt werden, um zu gewährleisten, dass eine Befestigung der Scharen an immer mindestens zwei Schalbrettern erfolgt. Unebenheiten der Unterkonstruktion wirken sich nachteilig auf das Erscheinungsbild der Bekleidungsoberfläche aus. Sind die Unebenheiten größer als nach DIN 18202 „Toleranzen im Hochbau", so ist das Ausgleichen dieser Unebenheiten nach Punkt 4.2.8 dieser ATV eine Besondere Leistung.

3.3.4 Für Abstand und Anzahl der Hafte gilt für die Windzonen 1 bis 3 nach DIN EN 1991-1-4/NA:2010-12 Bild 4 in Verbindung mit Tabelle 7.

Die Befestigung der Bekleidungen erfolgt auf der Unterkonstruktion aus Holz oder Metallprofilen nach den Angaben in Tabelle 7 in Verbindung mit Bild 4. Die Zwischenwerte im Bereich Wand A zwischen h/d; $h/b \geq 5$ und h/d; $h/b \leq 1$ können linear interpoliert werden. Wünscht der Auftraggeber eine Abweichung von dieser Regelausführung, muss das in der Leistungsbeschreibung beschrieben sein. Bei Vorliegen der Windzone 4 ist ein Einzelnachweis für die Befestigung durch den Auftraggeber zu erbringen.

BERECHNUNGSBEISPIEL

Randbedingungen

Windzone 1

Gebäudehöhe 18 m

Wandbereich B

Scharenbreite 720 mm

Werte für 400 N gemäß Tabelle 7

Anzahl pro m^2 bei Haft 400 N: 2,9 Stück pro m^2

Abstand bei Haft 400 N: 480 mm

Berechnung

Abstand der Hafte: 1 / Scharenbreite in m / Anzahl der Hafte pro m^2
= Abstand der Hafte in m

Abstand der Haft 400 N: 1 / 0,72 / 2,9 = 480 mm

3.3.5 Bleche unter 1 mm Dicke sind umzukanten bzw. umzubördeln.

Um Verletzungen durch scharfe Kanten vorzubeugen und um die Ober- bzw. Unterkante des Bleches auszusteifen, sind die Kanten bei Blechen unter 1 mm Dicke umzukanten bzw. umzubördeln. Diese Aussteifung tritt der Beanspruchung durch Wind entgegen und vermindert so Flatterbewegungen und -geräusche.

3.4 Kehlen

3.4.1 Kehlen aus Metall sind auf beiden Seiten mit Wasserfalz auszuführen.

Kehlbleche sollten einen Zuschnitt von 400 mm nicht unterschreiten. Unabhängig von der Zuschnittsbreite der Kehle müssen beide Seiten der Kehle mit einem Wasserfalz ausgeführt werden, damit windgetriebenes oder aufstauendes Wasser nicht in die Dachkonstruktion eindringen kann. Bei dachgeometrischen Besonderheiten, wie zum Beispiel geringe Kehlneigung, Dachflächen mit verschiedenen Neigungen oder auch Kehlen mit sehr großem Wasseranfall, können auch andere Formen von Kehlen zur Anwendung kommen bzw. erforderlich werden. Diese sind die vertiefte Kehle, die Kehle mit Zusatzfalz, die Kehle mit Steg oder, bei sehr geringen Dachneigungen, die vertiefte Kehle mit Einhangblech. Außerdem gibt es die Möglichkeit der gefalzten Kehle. Diese eignet sich allerdings nur bei kurzen Scharlängen, da die Ausdehnung behindert wird.

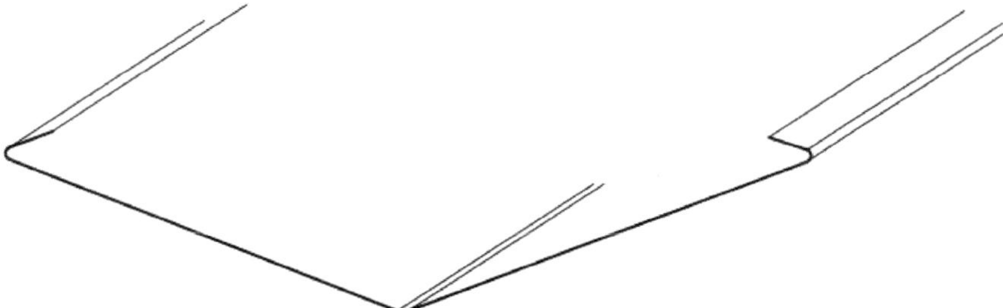

Abbildung 6: Kehle mit Wasserfalz

3.4.2 Ungelötete Überdeckungen müssen mindestens 100 mm betragen. Bei Kehlneigungen unter 15° (26,8 %) müssen Überdeckungen wasserdicht hergestellt werden.

Diese Anforderung bedarf nur kurzer Erklärung, da diese unmissverständlich ist. Bei ungelöteten Überdeckungen können, um der Wirkung von Kapillaren vorzubeugen, die Kanten angereift werden. Im Hinblick auf die Kehlneigung ist zu beachten, dass diese immer geringer als die Dachneigung ist.

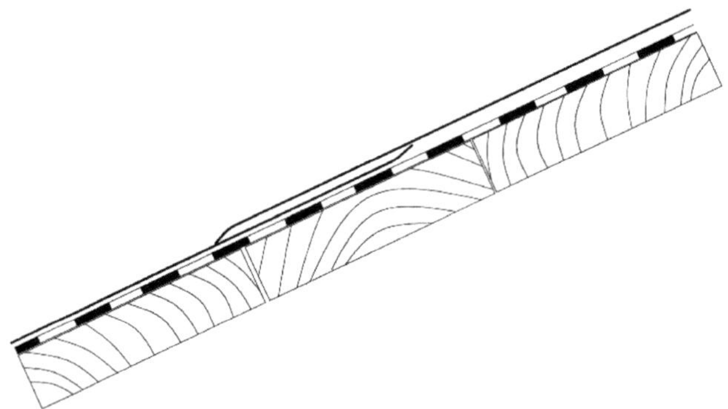

Abbildung 7: Angereifte Kanten

3.4.3 Kehlen bei Metall-Dächern müssen vollflächig aufliegen. Bei kleinformatigen Deckungen sind Kehlen auf Lattung und Sparschalung möglich.

Die Anforderung der Regelausführung ist hier eindeutig. Bei Metalldacheindeckungen müssen die Kehlbleche vollflächig aufliegen, während sie bei kleinformatigen Deckungen, wie zum Beispiel Ziegeln oder Schiefer, durchaus auf Lattung mit einem lichten Abstand der Traglatten ≤ 130 mm oder Sparschalung verlegt werden können.

3.5 Sonstige Klempnerarbeiten

Bei sonstigen Klempnerarbeiten handelt es sich um Dachentwässerungsanlagen, An- und Abschlüsse, Mauerabdeckungen, Verwahrungen und Kappleisten oder sonstige Blecharbeiten. Diese sonstigen Klempnerarbeiten fallen nicht nur bei der klassischen Metallbedachung an, sondern auch bei Bedachungen mit anderen Werkstoffen wie Schiefer, Ziegel oder Abdichtungsbahnen.

3.5.1 Die erforderliche Blechdicke ist in Abhängigkeit von der Größe, der Zuschnittsbreite, der Formgebung, der Befestigung, der Unterkonstruktion und dem verwendeten Werkstoff zu wählen. Dabei ist die Mindestdicke für gekantete Dachrandabschlüsse, Mauerabdeckungen und Anschlüsse nach Tabelle 10 einzuhalten.

In Tabelle 10 werden die Mindestwerkstoffstärken für gekantete Dachrandabschlüsse, Mauerabdeckungen und Anschlüsse angegeben. Die temperaturbedingte Längenänderung muss beachtet werden. In diesem Zusammenhang wird auf Punkt 3.1.5 und Tabelle 1 hingewiesen.

3.5.2 Dachrandabschlüsse, Mauerabdeckungen und Anschlüsse sind mit korrosionsgeschützten Befestigungselementen verdeckt anzubringen.

Die Befestigung von Dachrandabschlüssen, Mauerabdeckungen und Anschlüssen hat mit korrosionsgeschützten Befestigungselementen verdeckt zu erfolgen. Die Forderung nach der verdeckten Befestigung resultiert daraus, dass sichtbare Befestigungen nicht dauerhaft gegen Eindringen von Feuchtigkeit schützen und die temperaturbedingte Längenänderung behindert wird. Eine Ausnahme bildet die direkte Befestigung bei Blechlängen ≤ 3 m. Hier kann die Befestigung auch sichtbar durch Nageln oder Schrauben erfolgen.

Derartige Bauteile können aber auch vollflächig verklebt werden. Welche Ausführung der Auftraggeber wünscht, muss in der Leistungsbeschreibung angegeben werden.

3.5.3 Abdeckungen müssen eine Tropfkante mit mindestens 20 mm Abstand von den zu schützenden Bauwerksteilen aufweisen.

Die in diesem Punkt geforderten 20 mm beschreiben lediglich die Regelausführung. In Punkt 0.3.2 wird darauf hingewiesen, dass insbesondere hier abweichende Regelungen in Frage kommen. Das ist der Fall, wenn der Auftraggeber die Optik der Abdeckung vor den Schutz von zum Beispiel Putz- oder Anstrichflächen stellt. Bei Abdeckungen aus Kupfer wird empfohlen, einen größeren Abstand zu wählen.

3.5.4 Ecken sind regensicher auszuführen.

Die als Regelausführung gestellte Anforderung ist eindeutig. Die Regensicherheit kann durch Falzen, Nieten, Weich- und Hartlöten, Kleben, Schweißen und durch Unterlegen eines Rillenbleches hergestellt werden. Dabei ist jedoch die eingeschränkte Querdehnung zu berücksichtigen.

3.5.5 Aufgesetzte Kappleisten sind mindestens alle 250 mm, Wandanschlussschienen mindestens alle 200 mm zu befestigen.

Der Unterschied zwischen Kappleisten und Wandanschlussschienen besteht darin, dass Wandanschlussschienen nicht nur eine abdichtende, sondern auch eine befestigende Funktion übernehmen, indem sie höhergeführte Bitumen- oder Kunststoffbahnen halten. Daher müssen diese in kleineren Abständen als Kappleisten, die nur eine dichtende Funktion haben, befestigt werden. Diese Anforderung ist eindeutig. In Bezug auf die Abdichtung der Fugen wird auf Punkt 0.2.21 dieser ATV hingewiesen.

3.5.6 Dachrinnenhalter sind in die Schalung bündig einzulassen und versenkt zu befestigen.

Dachrinnenhalter müssen wie auch die Halter für Dachrandeinfassungen und Verwahrungen im Deckbereich in Punkt 3.1.7 bündig eingelassen und versenkt befestigt werden. Diese Anforderung ist eindeutig.

Zusammenstellung der Tabellen und Bilder

Erklärung der in den Tabellen 4 bis 7 und den Bildern 1 bis 4 verwendeten Symbole und Abkürzungen zur vereinfachten Flächeneinteilung bei Dächern:

b	Länge
d	Breite
h	Höhe
F, G, H, J	Dachteilflächen
F_{hoch}	hochliegender Eckbereich bei Pult- und Trogdächern
A, B	Wandteilflächen
α	Dachneigung
e	Hilfsgröße $e = 2h$ oder b (der kleinere Wert ist maßgebend)

Tabelle 1: Maximale Abstände von Bewegungsausgleichern

Zeile	Ausführung und der Art und Anordnung der Bauteile	max. Abstand m
1	in wasserführenden Ebenen für eingeklebte Einfassungen, Winkelanschlüsse, Rinneneinhänge und Shedrinnen	6
2	für Strangpress-Profile	6
3	außerhalb wasserführender Ebenen für Mauerabdeckungen, Dachrandabschlüsse und innenliegende, nicht eingeklebte Dachrinnen mit Zuschnitt über 500 mm	8
	bei Stahl	14
4	für Scharen von Dachdeckungen und Wandbekleidungen, sowie für innenliegende, nicht eingeklebte Dachrinnen mit Zuschnittbreite unter 500 mm und Hängedachrinnen mit Zuschnitt über 500 mm	10
	bei Stahl	14
5	für Hängedachrinnen mit Zuschnittbreite bis 500 mm	15

Tabelle 2: Hafte, Nägel und Schrauben; Anforderungen

Werkstoff[b] der zu befestigenden Teile	Hafte		Befestigungsmittel[c]			
			geraute Nägel[d]		Senkkopfschrauben	
	Werkstoff	Dicke mm	Werkstoff	Maße mm × mm	Werkstoff	Maße mm × mm
Aluminium	nichtrostender Stahl[a] verzinkter Stahl	≥ 0,4 ≥ 0,6	nichtrostender Stahl verzinkter Stahl	≥ (2,8 × 25)	nichtrostender Stahl, verzinkter Stahl	≥ (4 × 25)
Blei	nichtrostender Stahl[a] Kupfer	≥ 0,4 ≥ 0,7	nichtrostender Stahl Kupfer	≥ (2,8 × 25) ≥ (2,8 × 25)	nichtrostender Stahl, verzinkter Stahl	≥ (4 × 30)
nichtrostender Stahl	nichtrostender Stahl[a]	≥ 0,4	nichtrostender Stahl	≥ (2,8 × 25)	nichtrostender Stahl	≥ (4 × 25)
Kupfer	nichtrostender Stahl[a] Kupfer	≥ 0,4 ≥ 0,6	nichtrostender Stahl Kupfer	≥ (2,8 × 25) ≥ (2,8 × 25)	nichtrostender Stahl	≥ (4 × 25)
Titanzink	Nichtrostender Stahl[a]	≥ 0,4	nichtrostender Stahl verzinkter Stahl	≥ (2,8 × 25)	nichtrostender Stahl, verzinkter Stahl	≥ (4 × 25)
	verzinkter Stahl	≥ 0,6				
verzinkter Stahl	verzinkter Stahl	≥ 0,6	verzinkter Stahl	≥ (2,8 × 25)	verzinkter Stahl	≥ (4 × 25)
	nichtrostender Stahl[a]	≥ 0,4	nichtrostender Stahl	≥ (2,8 × 25)	nichtrostender Stahl	≥ (4 × 25)

a Hafte aus nichtrostendem Stahl, bei allen Deckmaterialien einsetzbar (Haftunterteile mit gerundeten Ecken).

b Die erforderliche Nenndicke der Schalung bei Dachdeckungen beträgt bei Blei mindestens 30 mm, bei allen anderen Werkstoffen mindestens 24 mm (22 mm bei Holzwerkstoffplatten).

c Je Haft mindestens 2 Stück mit einer Einbindetiefe von mindestens 20 mm.

d Zulässig sind auch gerillte Nägel aus nichtrostendem Stahl und feuerverzinktem Stahl 2,5 mm × 25 mm nach DIN 20000-6 „Anwendung von Bauprodukten in Bauwerken – Teil 6: Stiftförmige und nicht stiftförmige Verbindungsmittel nach DIN EN 14592 und DIN EN 14545", Tragfähigkeitsklasse 3/C.

Tabelle 3: Metall-Dachdeckung, Mindestwerkstoffdicke und Scharenbreite in Abhängigkeit von der Gebäudehöhe

Gebäudehöhe h	**Werkstoffdicke und max. Breite der Scharen**														
	bis 10 m				10 bis 20 m				20 bis 50 m				50 bis 100 m		
Scharenbreite mm[a]	520	590	620	720	520	590	620	720	520	590	620	720	520	590	620
Werkstoff	**Mindestwerkstoffdicke** mm														
Aluminium	0,7	0,7	0,8	–[b]	0,7	0,7	0,8	–[b]	0,7	0,7	–[b]	–[b]	0,7	0,7	–[b]
Kupfer	0,6	0,6	0,6	–[b]	0,6	0,6	0,6	–[b]	0,6	0,6	–[b]	–[b]	0,6	0,6	–[b]
Titanzink	0,7	0,7	0,7	–[b]	0,7	0,7	0,7	–[b]	0,7	0,7	–[b]	–[b]	0,7	0,7	–[b]
feuerverzinkter Stahl	0,6	0,6	0,6	0,6	0,6	0,6	0,6	0,6	0,6	0,6	0,6	0,6	0,6	0,6	0,6
nichtrostender Stahl	0,4	0,5	0,5	–[b]	0,4	0,5	0,5	–[b]	0,4	0,5	–[b]	–[b]	0,5	0,5	–[b]

a Die Scharenbreiten errechnen sich aus den Band- bzw. Blechbreiten von 600 mm, 670 mm, 700 mm, 800 mm und 1 000 mm abzgl. 80 mm bei Falzdächern. Bei Einsatz einer Profiliermaschine ergeben sich 10 mm breitere Scharen. Für Leistendächer ergibt sich eine geringere Scharenbreite in Abhängigkeit vom Leistenquerschnitt.

b unzulässig

Tabelle 4: Metall-Dachdeckung: Abstand (in mm) und Anzahl (in 1/m²) der Hafte in Abhängigkeit von der Scharenbreite und der Gebäudehöhe für die Windzone 1 und Flach-, Sattel-, Trog-, Pult- und Walmdächer

		Windzone 1														
Gebäudehöhe h		bis 10 m				10 bis 20 m				20 bis 50 m				50 bis 100 m		
Scharenbreite mm		520	590	620	720	520	590	620	720	520	590	620	720	520	590	620
Dach ($\alpha \leq 30°$)	F_{hoch}	330	290	270	240	250	220	210	180	180	160	150	130	150	130	130
		5,9	5,9	5,9	5,9	7,6	7,6	7,6	7,6	10,7	10,7	10,7	10,7	12,7	12,7	12,7
	F	380	330	320	270	290	260	250	210	210	180	180	150	180	150	150
		5,1	5,1	5,1	5,1	6,6	6,6	6,6	6,6	9,2	9,2	9,2	9,2	11,0	11,0	11,0
	G	470	420	400	340	370	320	310	260	260	230	220	190	220	190	180
		4,1	4,1	4,1	4,1	5,3	5,3	5,3	5,3	7,4	7,4	7,4	7,4	8,8	8,8	8,8
	H	500	500	500	500	500	500	500	440	440	380	370	310	370	320	310
		3,8	3,4	3,2	2,8	3,8	3,4	3,2	3,2	4,4	4,4	4,4	4,4	5,3	5,3	5,3
	J	500	500	500	460	490	430	410	350	350	310	290	250	290	260	250
		3,8	3,4	3,2	3,0	3,9	3,9	3,9	3,9	5,5	5,5	5,5	5,5	6,6	6,6	6,6
Dach ($\alpha > 30°$)	F_{hoch}	400	350	330	290	250	220	210	180	180	160	150	130	150	130	130
		4,9	4,9	4,9	4,9	7,6	7,6	7,6	7,6	10,7	10,7	10,7	10,7	12,7	12,7	12,7
	F	500	500	500	460	490	430	410	350	350	310	290	250	290	260	250
		3,8	3,4	3,2	3,0	3,9	3,9	3,9	3,9	5,5	5,5	5,5	5,5	6,6	6,6	6,6
	G	470	420	400	340	370	320	310	260	260	230	220	190	220	190	180
		4,1	4,1	4,1	4,1	5,3	5,3	5,3	5,3	7,4	7,4	7,4	7,4	8,8	8,8	8,8
	H	500	500	500	500	500	500	500	440	440	380	370	310	370	320	310
		3,8	3,4	3,2	2,8	3,8	3,4	3,2	3,2	4,4	4,4	4,4	4,4	5,3	5,3	5,3
	J	500	500	500	500	500	500	470	410	400	350	340	290	340	300	280
		3,8	3,4	3,2	2,8	3,8	3,4	3,4	3,4	4,8	4,8	4,8	4,8	5,7	5,7	5,7

Tabelle 5: Metall Dachdeckung: Abstand (in mm) und Anzahl (in 1/m²) der Hafte in Abhängigkeit von der Scharenbreite und der Gebäudehöhe für die Windzone 2 und Flach-, Sattel-, Trog-, Pult- und Walmdächer

Windzone 2																
Gebäudehöhe h		bis 10 m				10 bis 20 m				20 bis 50 m				50 bis 100 m		
Scharenbreite mm		520	590	620	720	520	590	620	720	520	590	620	720	520	590	620
Dach ($\alpha \leq 30°$)	F_{hoch}	270	240	220	190	210	180	170	150	150	130	120	110	120	110	100
		7,2	7,2	7,2	7,2	9,4	9,4	9,4	9,4	13,1	13,1	13,1	13,1	15,6	15,6	15,6
	F	310	270	260	220	240	210	200	170	170	150	140	120	140	130	120
		6,2	6,2	6,2	6,2	8,1	8,1	8,1	8,1	11,3	11,3	11,3	11,3	13,4	13,4	13,4
	G	390	340	330	280	300	260	250	220	210	190	180	150	180	160	150
		5,0	5,0	5,0	5,0	6,5	6,5	6,5	6,5	9,0	9,0	9,0	9,0	10,7	10,7	10,7
	H	500	500	500	470	500	440	420	360	360	310	300	260	300	260	250
		3,8	3,4	3,2	3,0	3,9	3,9	3,9	3,9	5,4	5,4	5,4	5,4	6,4	6,4	6,4
	J	500	460	430	370	400	350	330	290	280	250	240	210	240	210	200
		3,8	3,7	3,7	3,7	4,8	4,8	4,8	4,8	6,8	6,8	6,8	6,8	8,0	8,0	8,0
Dach ($\alpha > 30°$)	F_{hoch}	320	290	270	230	210	180	170	150	150	130	120	110	120	110	100
		5,9	5,9	5,9	5,9	9,4	9,4	9,4	9,4	13,1	13,1	13,1	13,1	15,6	15,6	15,6
	F	500	460	430	370	400	350	330	290	280	250	240	210	240	210	200
		3,8	3,7	3,7	3,7	4,8	4,8	4,8	4,8	6,8	6,8	6,8	6,8	8,0	8,0	8,0
	G	390	340	330	280	300	260	250	220	210	190	180	150	180	160	150
		5,0	5,0	5,0	5,0	6,5	6,5	6,5	6,5	9,0	9,0	9,0	9,0	10,7	10,7	10,7
	H	500	500	500	470	500	440	420	360	360	310	300	260	300	260	250
		3,8	3,4	3,2	3,0	3,9	3,9	3,9	3,9	5,4	5,4	5,4	5,4	6,4	6,4	6,4
	J	500	500	500	430	460	400	380	330	330	290	280	240	280	240	230
		3,8	3,4	3,2	3,2	4,2	4,2	4,2	4,2	5,9	5,9	5,9	5,9	7,0	7,0	7,0

Tabelle 6: Metall-Dachdeckung: Abstand (in mm) und Anzahl (in $1/m^2$) der Hafte in Abhängigkeit von der Scharenbreite und der Gebäudehöhe für die Windzone 3 Flach-, Sattel-, Trog-, Pult- und Walmdächer

Windzone 3																
Gebäudehöhe h		bis 10 m				10 bis 20 m				20 bis 50 m				50 bis 100 m		
Scharenbreite mm		520	590	620	720	520	590	620	720	520	590	620	720	520	590	620
Dach ($\alpha \leq 30°$)	F_{hoch}	220	190	190	160	170	150	140	120	120	110	100	90	100	90	90
		8,7	8,7	8,7	8,7	11,2	11,2	11,2	11,2	15,8	15,8	15,8	15,8	18,7	18,7	18,7
	F	260	230	220	190	200	180	170	140	140	120	120	100	120	110	100
		7,5	7,5	7,5	7,5	9,7	9,7	9,7	9,7	13,6	13,6	13,6	13,6	16,1	16,1	16,1
	G	320	280	270	230	250	220	210	180	180	160	150	130	150	130	130
		6,0	6,0	6,0	6,0	7,7	7,7	7,7	7,7	10,9	10,9	10,9	10,9	12,9	12,9	12,9
	H	500	470	450	390	410	370	350	300	290	260	250	210	250	220	210
		3,8	3,6	3,6	3,6	4,6	4,6	4,6	4,6	6,5	6,5	6,5	6,5	7,7	7,7	7,7
	J	430	380	360	310	330	290	280	240	240	210	200	170	200	180	170
		4,5	4,5	4,5	4,5	5,8	5,8	5,8	5,8	8,2	8,2	8,2	8,2	9,7	9,7	9,7
Dach ($\alpha > 30°$)	F_{hoch}	270	240	220	190	170	150	140	120	120	110	100	90	100	90	90
		7,2	7,2	7,2	7,2	11,2	11,2	11,2	11,2	15,8	15,8	15,8	15,8	18,7	18,7	18,7
	F	430	380	360	310	330	290	280	240	240	210	200	170	200	180	170
		4,5	4,5	4,5	4,5	5,8	5,8	5,8	5,8	8,2	8,2	8,2	8,2	9,7	9,7	9,7
	G	320	280	270	230	250	220	210	180	180	160	150	130	150	130	130
		6,0	6,0	6,0	6,0	7,7	7,7	7,7	7,7	10,9	10,9	10,9	10,9	12,9	12,9	12,9
	H	500	470	450	390	410	370	350	300	290	260	250	210	250	220	210
		3,8	3,6	3,6	3,6	4,6	4,6	4,6	4,6	6,5	6,5	6,5	6,5	7,7	7,7	7,7
	J	490	430	410	360	380	340	320	280	270	240	230	200	230	200	190
		3,9	3,9	3,9	3,9	5,0	5,0	5,0	5,0	7,1	7,1	7,1	7,1	8,4	8,4	8,4
Der angegebene Haftabstand in mm ist als Mittelwert über einen Bereich von 3 m einzuhalten.																

Tabelle 7: Wandbekleidung: Abstand (in mm) und Anzahl (in $1/m^2$) der Hafte in Abhängigkeit von der Gebäudehöhe für die Windzonen 1 bis 3

Windzone 1															
Gebäudehöhe h	bis 10 m				10 bis 20 m				20 bis 50 m				50 bis 100 m		
Scharenbreite mm	520	590	620	720	520	590	620	720	520	590	620	720	520	590	620
Wand A h/d; $h/b \geq 5$	500	490	470	400	430	380	360	310	310	270	260	220	260	230	220
	3,8	3,4	3,4	3,4	4,5	4,5	4,5	4,5	6,2	6,2	6,2	6,2	7,5	7,5	7,5
Wand A h/d; $h/b \leq 1$	500	500	500	500	500	500	500	480	480	420	400	340	400	350	330
	3,8	3,4	3,2	2,8	3,8	3,4	3,2	2,9	4,0	4,0	4,0	4,0	4,8	4,8	4,8
Wand B	500	500	500	500	500	500	500	480	480	420	400	340	400	350	330
	3,8	3,4	3,2	2,8	3,8	3,4	3,2	2,9	4,0	4,0	4,0	4,0	4,8	4,8	4,8
Windzone 2															
Scharenbreite mm	520	590	620	720	520	590	620	720	520	590	620	720	520	590	620
Wand A h/d; $h/b \geq 5$	460	400	380	330	350	310	290	250	250	220	210	180	210	190	180
	4,2	4,2	4,2	4,2	5,5	5,5	5,5	5,5	7,7	7,7	7,7	7,7	9,1	9,1	9,1
Wand A h/d; $h/b \leq 1$	500	500	500	500	500	500	500	480	480	420	400	340	400	350	330
	3,8	3,4	3,2	2,8	3,8	3,4	3,2	2,9	4,0	4,0	4,0	4,0	4,8	4,8	4,8
Wand B	500	500	500	500	500	480	450	390	390	340	330	280	330	290	270
	3,8	3,4	3,2	2,8	3,8	3,5	3,5	3,5	5,0	5,0	5,0	5,0	5,9	5,9	5,9
Windzone 3															
Scharenbreite mm	520	590	620	720	520	590	620	720	520	590	620	720	520	590	620
Wand A h/d; $h/b \geq 5$	380	330	320	270	290	260	250	210	210	180	170	150	180	150	150
	5,1	5,1	5,1	5,1	6,6	6,6	6,6	6,6	9,2	9,2	9,2	9,2	11,0	11,0	11,0
Wand A h/d; $h/b \leq 1$	460	400	380	330	360	310	300	260	250	220	210	180	210	190	180
	4,2	4,2	4,2	4,2	5,4	5,4	5,4	5,4	7,6	7,6	7,6	7,6	9,0	9,0	9,0
Wand B	500	500	490	420	450	400	380	330	320	280	270	230	270	240	230
	3,8	3,4	3,3	3,3	4,2	4,2	4,2	4,2	6,0	6,0	6,0	6,0	7,1	7,1	7,1

Tabelle 8: Aufnahme der Scharenbewegung

	Ausführungsart	Erforderliche Dachneigung
1	Schiebenaht mit einfachem Falz	≥ 25° (46,6 %)
2	Schiebenaht mit Zusatzfalz	≥ 10° (17,6 %)
3	Gefällesprung[a]	≥ 3° (5,2 %)
4	Aufschiebling[b]	≥ 7° (12,3 %)
5	Doppelter Querfalz[c]	≥ 7° (12,3 %)

a Bauseitige Ausbildung der Unterkonstruktion. Bei Dachneigung unter 7° muss das obere Blech 100 mm überstehen.

b Bauseitige Ergänzung der Unterkonstruktion.

c Nur bei Tafeldeckung.

Tabelle 9: Quernähte

	Dachneigung	Art der Quernähte
1	≥ 30° (57,7 %)	Überlappung 100 mm
2	≥ 25° (46,6 %)	einfacher Querfalz
3	≥ 10° (17,6 %)	einfacher Querfalz mit Zusatzfalz
4	≥ 7° (12,3 %)	doppelter Querfalz (ohne Dichtung)
5	< 7° (12,3 %)	wasserdichte Ausführung, je nach verwendetem Werkstoff

Tabelle 10: Mindestwerkstoffdicken von Anschlüssen und Abdeckungen

Werkstoff	Mauerabdeckungen gekanteter Metallteile, Dachrandabschlüsse mm	Nicht selbsttragende Anschlüsse und Abdeckungen[b] mm	Anschlüsse mm
Aluminium	1,0	0,7	0,7 (1,5)[a]
Kupfer (halbhart)	1,0	0,6	0,7
Titanzink	1,0	0,7	0,7
nichtrostender Stahl	0,8	0,4	0,7
verzinkter Stahl	0,8	0,6	0,7

a Die Mindestdicke für Strangpressprofile muss 1,5 mm betragen; für auf Unterkonstruktionen verlegte Metallteile gilt Tabelle 10.

b für die Mindestdicken und Breiten gilt die Tabelle 3.

DIN EN 1991-1-4 „Eurocode 1: Einwirkungen auf Tragwerke — Teil 1-4: Allgemeine Einwirkungen — Windlasten“

a) Vereinfachte Flächeneinteilung bei Dächern

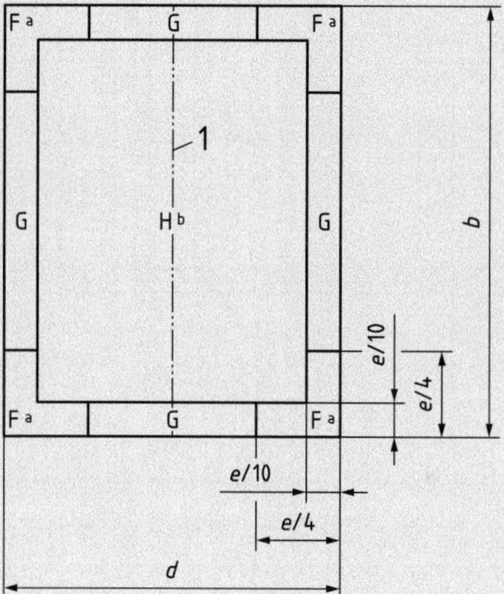

[a] bei $\alpha \leq -15°$ F_{hoch}
[b] bei $\alpha \leq -30°$ und
bei $\alpha \geq +15°$ J

Legende

1 First oder Kehle

Bild 1: Flächeneinteilung für Flachdächer, Satteldächer und Trogdächer

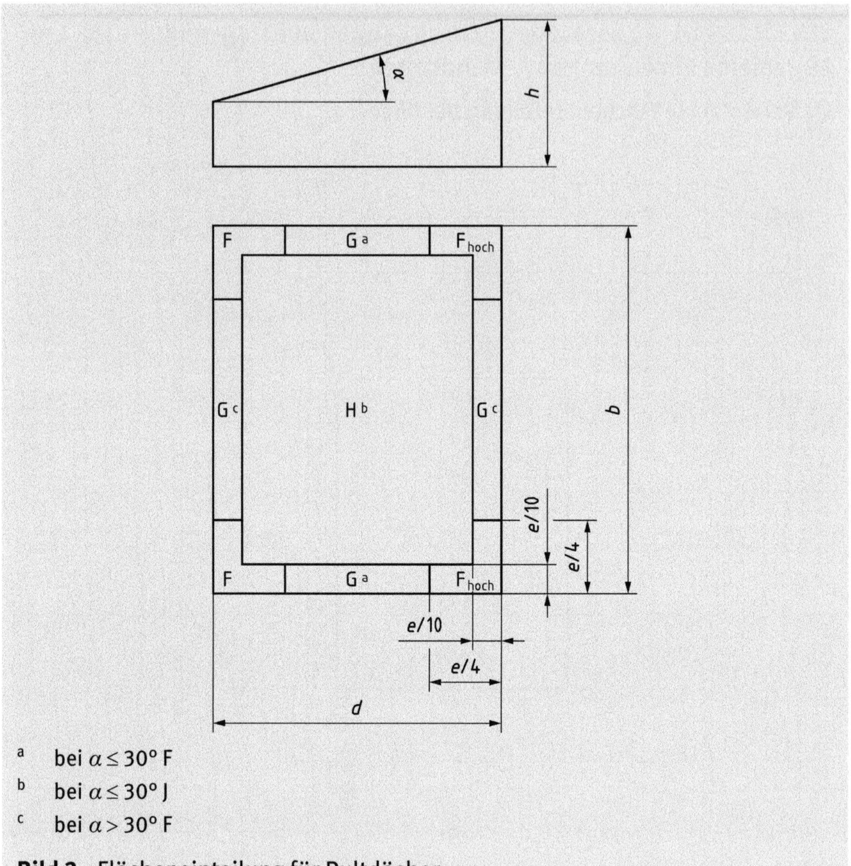

Bild 2: Flächeneinteilung für Pultdächer

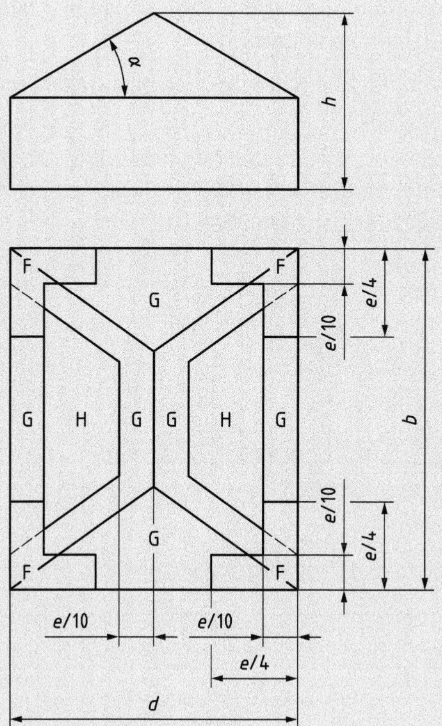

Bild 3: Flächeneinteilung für Walmdächer

b) Vereinfachte Flächeneinteilung für vertikale Wände

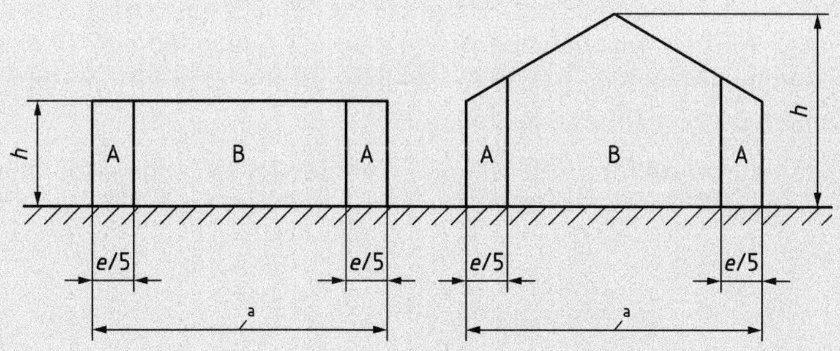

$e = b$ oder $2\,h$, der kleinere Wert ist maßgebend

$a = b$ oder d

Bild 4: Einteilung der Flächen bei vertikalen Wänden

Die Bilder 1 bis 4 in Verbindung mit den Tabellen 4 bis 7 lassen sich am besten mit Hilfe von einem Beispiel erläutern.

Um das Dach in Eck-, Rand- und Mittenbereich einzuteilen, muss zuerst die Hilfsgröße e festgelegt werden.

Die Hilfsgröße e richtet sich nach der Gebäudebreite (b) oder der zweifachen Gebäudehöhe ($2\ h$). Bei der Gebäudehöhe ist darauf zu achten, dass immer die höchste Stelle des Gebäudes anzunehmen ist.

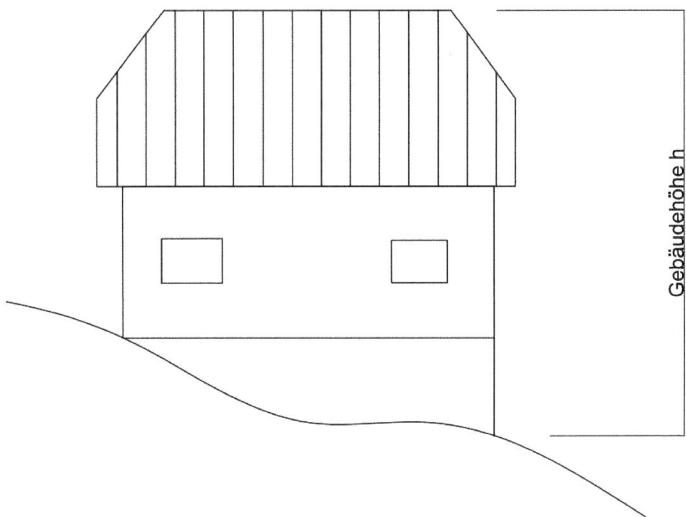

Abbildung 8: Gebäudehöhe

Der kleinere Wert ist anzunehmen. Wenn also die Gebäudebreite 12 m beträgt und die Gebäudehöhe 8 m, ist die Gebäudebreite von 12 m für die Hilfsgröße e anzunehmen, da 12 m (b) < 16 m ($2\ h$).

Nun können die Werte für e/Viertel und e/Zehntel der folgenden Abbildung eingesetzt werden.

$e/4 = 3$ m

$e/10 = 1{,}2$ m

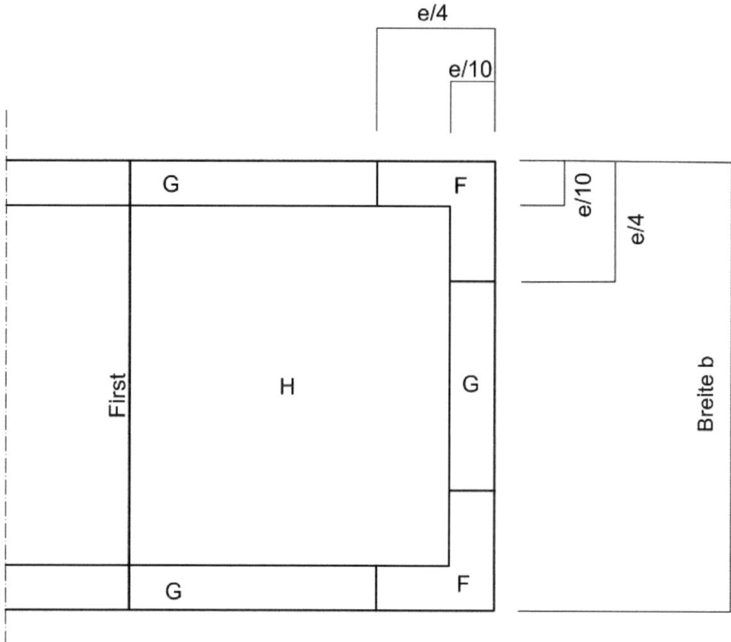

Abbildung 9: Dachbereiche

Dabei ist darauf zu achten, dass diese Werte im Grundriss gemessen werden. Um diese nun, da wo es nötig ist, auf die Dachfläche umrechnen zu können, muss $e/10$ bzw. $e/4$ durch den Cosinus der Dachneigung geteilt werden. Also wäre in diesem Fall bei einer Dachneigung von 35°

$e/4 \ = 3{,}66$ m

und

$e/10 = 1{,}47$ m

4 Nebenleistungen, Besondere Leistungen

Nebenleistungen sind Leistungen, die auch ohne Erwähnung in der Leistungsbeschreibung zur vertraglichen Leistung gehören. Diese gehören über die automatische Einbindung der VOB/C in einen VOB-Bauvertrag nach VOB/B § 2 Nr. 1 zu den geschuldeten Leistungen. Sie sind somit vom Auftragnehmer ohne gesonderte Vergütung mit auszuführen und sind daher in die Einheitspreise einzukalkulieren.

4.1 Nebenleistungen sind ergänzend zur ATV DIN 18299, Abschnitt 4.1, insbesondere:

An dieser Stelle wird wieder die Verknüpfung mit VOB/C ATV-DIN 18299, Abschnitt 4.1 hergestellt. Neben den in ATV DIN 18299 genannten Nebenleistungen gelten für Klempnerarbeiten nachfolgende Leistungen als Nebenleistungen, die in die Einheitspreise einzukalkulieren sind. Die Einschränkung „insbesondere“ verdeutlicht, dass die Auflistung nicht abschließend ist.

4.1.1 Auf-, Um- und Abbauen sowie Vorhalten von Gerüsten für eigene Leistungen, sofern die zu bearbeitende oder zu bekleidende Fläche nicht höher als 3,50 m über der Standfläche des hierfür erforderlichen Gerüstes liegt.

Im Unterschied zur alten ATV ist jetzt die Höhe zwischen Standfläche des Gerüstes und der Arbeitshöhe definiert. Liegen also weniger als 3,5 m zwischen z. B. dem Fußboden oder dem Gelände und der zu bearbeitenden oder zu bekleidenden Fläche, so hat die Gerüststellung bauseits zu erfolgen.

4.1.2 Ausgleichen abgestufter oder geneigter Standflächen von Gerüsten bis zu 40 cm Höhenunterschied, z. B. Treppen oder Rampen.

Das Ausgleichen abgestufter oder geneigter Standflächen von Gerüsten bis zu 40 cm Höhenunterschied gehört zu den Nebenleistungen und ist nicht gesondert zu vergüten. Bei fahrbaren Gerüsten ist zum Beispiel durch das Verstellen der Standfüße ein entsprechender Ausgleich möglich. Weiterhin ist aber die allgemeine Arbeitssicherheit zu beachten. Sollte ein Ausgleich aufgrund einer unzureichenden Beschaffenheit des Untergrunds nicht möglich sein, sind Bedenken anzumelden.

4.1.3 Reinigen des Untergrundes, ausgenommen Leistungen nach Abschnitt 4.2.7.

Das Reinigen des Untergrundes, zum Beispiel das Abfegen einer Holzschalung, gehört zu den Nebenleistungen. Ist der Untergrund allerdings unverhältnismäßig verunreinigt, wird das Reinigen zur Besonderen Leistung. Siehe dazu Punkt 4.2.7 dieser ATV.

4.1.4 Schutz von Bau- und Anlagenteilen vor Verunreinigungen und Beschädigungen während der Klempnerarbeiten durch loses Abdecken, Abhängen oder Umwickeln, ausgenommen Schutzmaßnahmen nach Abschnitt 4.2.12.

Wenn der Schutz vor Verunreinigungen und Beschädigungen von Bau- und Anlagenteilen mit einfachen Mitteln wie losem Abdecken, Abhängen oder Umwickeln gewährleistet werden kann, ist dies eine Nebenleistung und als solche in die Einheitspreise einzukalkulieren. Wenn ein weitergehender besonderer Schutz verlangt oder nötig wird, so handelt es sich um Besondere Leistungen nach Punkt 4.2.12 und sind daher als solche zu vergüten.

4.1.5 Fertigstellen von Bauteilen in zwei Arbeitsgängen zur Ermöglichung von Arbeiten anderer Unternehmer, soweit die Leistungen im Zuge gleichartiger Klempnerarbeiten kontinuierlich erbracht werden können. Sind diese Voraussetzungen nicht gegeben, handelt es sich um Besondere Leistungen nach Abschnitt 4.2.14.

Wenn die Klempnerarbeiten als Vorarbeiten anderer Gewerke nötig sind und für die weiterführenden Klempnerarbeiten Vorarbeiten eines anderen Gewerkes nötig sind, so müssen die Klempnerarbeiten unterbrochen werden. Wenn am gleichen Bauvorhaben allerdings auch noch andere Klempnerarbeiten zu verrichten sind und somit keine Unterbrechung nötig ist, so ist das Fertigstellen von Bauteilen in zwei Arbeitsschritten eine Nebenleistung. Dieses kann mit folgendem Beispiel erklärt werden. Der Klempner bringt an einem Dach als Vorunternehmer des Dachdeckers die Dachentwässerung an und ist auch mit dem Anbringen von Kappleisten oder Mauerabdeckungen nach Eindeckung oder Abdichtung des Daches beauftragt. Hier muss die Fertigstellung in zwei Schritten ausgeführt werden. Wenn nun aber der Klempner auch mit der Ausführung der Fassade des Bauwerkes beauftragt wurde, entstehen keine weiteren Kosten durch Rüstzeiten oder Fahrt. In diesem Fall handelt es sich um eine Nebenleistung. Siehe dazu Punkt 4.2.14 dieser ATV.

4.1.6 Anzeichnen der Aussparungen, Schlitze und Durchbrüche.

Das Anzeichnen von Aussparungen, Schlitzen oder Durchbrüchen ist nach diesem Punkt eine Nebenleistung, also auch nicht gesondert zu vergüten. Damit die Statik eines Gebäudes nicht gefährdet wird, sind solche Anzeichnungen mit dem Auftraggeber abzusprechen. Notwendige Nachweise zur Standsicherheit sind durch den Auftraggeber zu erbringen. Das Anzeichen von Schlitzen oder Durchbrüchen kann beispielsweise zur Entwässerung von innenliegenden Balkonen nötig sein.

4.1.7 Einlassen und Befestigen der Rinnenhalter, Halterungen für Laufroste, Verankerungselemente, Rohrschellen.

Einlassen und versenktes Schrauben von Rinnenhaltern und dergleichen sind in den Punkten 3.1.7 und 3.5.6 als Regelausführung beschrieben. Damit gehören das Einlassen und das Versenken von Schrauben zu den in die Einheitspreise mit einzukalkulierenden Nebenleistungen. Diese werden nicht gesondert abgerechnet und vergütet. Beim Befestigen von Rohrschellen kann beispielsweise bei einem Wärmedämmverbundsystem ein erhöhter Aufwand entstehen. Auch dieser ist in die Einheitspreise mit einzukalkulieren.

Nur das Befestigen von Halterungen von Laufrosten usw. ist als Nebenleistung anzusehen. Das Herstellen von eventuell nötigen Unterkonstruktionen ist keine Nebenleistung. Ist das Herstellen dieser Unterkonstruktionen durch den Auftragnehmer vom Auftraggeber gewünscht, so ist das gesondert zu vergüten.

4.1.8 Anbringen, Vorhalten und Beseitigen von Wasserabweisern für die Abführung von Niederschlagswasser während der Bauzeit. Die Wasserabweiser müssen mindestens 50 cm über das Bauwerk hinausreichen, bei Gerüsten entsprechend weit über diese.

Diese Wasserabweiser sind nach Punkt 0.2.13 dieser ATV zu beschreiben und dienen zur temporären Ableitung des Niederschlagswassers während der Bauphase. Damit das Wasser ausreichend weit vom Bauwerk abgeführt wird, sind die Mindestanforderungen mit 50 cm über das Bauwerk beschrieben. Bei Gerüsten besteht ebenso die Mindestanforderung von 50 cm. Zusätzlich ist zu beachten, dass das Niederschlagswasser nicht auf öffentliche Flächen abgeleitet werden darf, sondern auf dem Grundstück, auf welchem sich das Bauwerk befindet, eingeleitet werden muss. Werden weitere Maßnahmen zur Ableitung des Niederschlagwassers, wie zum Beispiel provisorische Regenfallleitungen mit Ablaufstutzen usw. nötig, so sind diese nach Punkt 4.2.22 Besondere Leistungen und somit auch als solche zu vergüten.

4.2 Besondere Leistungen sind ergänzend zur ATV DIN 18299, Abschnitt 4.2, z. B.:

Besondere Leistungen sind Leistungen, die nicht Nebenleistungen gemäß Abschnitt 4.1 sind und nur dann zur vertraglichen Leistung gehören, wenn sie in der Leistungsbeschreibung besonders erwähnt sind.

4.2.1 Vorhalten von Aufenthalts- und Lagerräumen, wenn der Auftraggeber Räume, die leicht verschließbar gemacht werden können, nicht zur Verfügung stellt.

Wenn der Auftraggeber solche Räume wie in Punkt 4.2.1 nicht zur Verfügung stellt, entstehen dem Auftragnehmer Mehrkosten für deren Bereitstellung. Da diese Räume nach VOB/B § 4 Nr. 4 bereitzustellen sind, müssen entstandene Mehrkosten durch Nichtbereitstellung dem Auftraggeber gesondert in Rechnung gestellt werden. In VOB/B § 4 Nr. 4 heißt es dazu: „Der Auftraggeber hat, wenn nichts anderes vereinbart ist, dem Auftragnehmer unentgeltlich zur Benutzung oder Mitbenutzung zu überlassen: 1. die notwendigen Lager- und Arbeitsplätze auf der Baustelle ...“

4.2.2 Auf-, Um- und Abbauen sowie Vorhalten der Gerüste für Leistungen anderer Unternehmer.

Wenn der Auftragnehmer der Klempnerarbeiten auch der Auftragnehmer des Gerüstes ist, muss er das Gerüst für Auftragnehmer anderer Gewerke zur Verfügung stellen, wenn das in der Leistungsbeschreibung angegeben ist. Wenn für andere Auftragnehmer ein Umbau des Gerüstes nötig wird, auch, wenn es sich um Gerüste mit einer Standfläche von weniger als 3,5 m unter der zu bearbeitenden Fläche handelt, so ist dies eine Besondere Leistung.

4.2.3 Auf-, Um- und Abbauen sowie Vorhalten von Gerüsten für eigene Leistungen, sofern die zu bearbeitende oder zu bekleidende Fläche höher als 3,5 m über der Standfläche des hierfür erforderlichen Gerüstes liegt.

Wenn die Standfläche von Gerüsten 3,5 m unter der zu bearbeitenden oder zu bekleidenden Fläche liegt, sind diese Gerüste keine Nebenleistungen nach Punkt 4.1.1, sondern Besondere Leistungen und somit auch als solche zu vergüten. Wenn der Klempner mit dem Auf-, Um- und Abbauen solcher Gerüste beauftragt wird, sind diese in der Leistungsbeschreibung nach ATV DIN 18451

„Gerüstarbeiten“ zu beschreiben. Wenn Gerüste von fremden Gewerken mitbenutzt werden sollen, ist das nach Punkt 0.2.7 in ATV DIN 18299 in der Leistungsbeschreibung anzugeben. Wenn für die Mitbenutzung fremder Gerüste ein Umbau nötig wird, beispielsweise der Umbau zum Fanggerüst, ist das nach diesem Punkt eine Besondere Leistung. Es ist darauf zu achten, dass ein umgebautes Gerüst einer erneuten Freigabe bedarf. Die Kosten für den Umbau sind dem Auftraggeber in Form eines Nachtragsangebotes mitzuteilen oder mitteilen zu lassen.

4.2.4 Auf-, Um- und Abbauen sowie Vorhalten von Gerüsten mit abgestufter oder geneigter Standfläche, z. B. über Treppen oder Rampen, sofern ein Ausgleich von mehr als 40 cm erforderlich ist.

Wenn bei Gerüststellung an abgestuften oder geneigten Standflächen, z. B. über Treppen oder Rampen, ein Ausgleich von mehr als 40 cm erforderlich ist, sind diese Gerüste keine Nebenleistungen nach Punkt 4.1.2, sondern Besondere Leistungen und somit auch als solche zu vergüten. Wenn der Klempner mit dem Auf-, Um- und Abbauen solcher Gerüste beauftragt wird, sind diese in der Leistungsbeschreibung nach ATV DIN 18451 „Gerüstarbeiten“ zu beschreiben. Wenn Gerüste von fremden Gewerken mitbenutzt werden sollen, ist das nach Punkt 0.2.7 in ATV DIN 18299 in der Leistungsbeschreibung anzugeben. Wenn für die Mitbenutzung fremder Gerüste ein Umbau nötig wird, beispielsweise der Umbau zum Fanggerüst, ist das nach diesem Punkt eine Besondere Leistung. Es ist darauf zu achten, dass ein umgebautes Gerüst einer erneuten Freigabe bedarf. Die Kosten für den Umbau sind dem Auftraggeber in Form eines Nachtragsangebotes mitzuteilen oder mitteilen zu lassen.

4.2.5 Auf-, Um- und Abbauen sowie Vorhalten von Gerüsten für eigene Leistungen, sofern bei Arbeiten auf der Dachfläche diese eine Dachneigung größer 22,5° aufweist.

Wenn aus arbeitstechnischen Gründen bei Dacharbeiten kein Seitenschutz verwendet werden kann, müssen stattdessen Dachfanggerüste angebracht werden, die ein Auffangen der abstürzenden Person gewährleisten. Dieses gilt für Arbeitsplätze und Verkehrswege auf Dächern mit mehr als 22,5° bis 60° Neigung, wenn die Absturzhöhe ab Absturzkante (Traufe) mehr als 2,00 m beträgt. Wenn der Klempner mit dem Auf-, Um- und Abbauen solcher Gerüste beauftragt wird, sind diese in der Leistungsbeschreibung nach ATV DIN 18451 „Gerüstarbeiten“ zu beschreiben. Wenn Gerüste von fremden Gewerken mitbenutzt werden sollen, ist das nach Punkt 0.2.7 in ATV DIN 18299 in der Leistungsbeschreibung anzugeben. Es ist darauf zu achten, dass jedes Gerüst eine Freigabe benötigt.

4.2.6 Schutz vor ungeeigneten Bedingungen, die sich aus der Witterung ergeben, nach Abschnitt 3.1.2, z. B. Vorwärmen der Metalle.

Sollten für die Ausführung der Klempnerarbeiten Arbeiten zum Schutz vor ungeeigneten Witterungsbedingungen notwendig werden, so sind diese Besondere Leistungen und als solche zu vergüten. Punkt 3.1.2 dieser ATV gibt dazu die Beispiele Feuchtigkeit bei Klebearbeiten, stehende Nässe, Temperaturen unter +5 °C bei Klebearbeiten oder Metalltemperaturen unter +10 °C an. Um diese Besonderen Leistungen auszuführen, ist die Abstimmung mit dem Auftraggeber nötig und die Kosten in Form eines Nachtragsangebotes zu beziffern. In diesem Zusammenhang wird auf VOB/B § 6 Nr. 2 Abs. 2 hingewiesen. Dort heißt es: „Witterungseinflüsse während der Ausführungszeit, mit denen bei Abgabe des Angebots normalerweise gerechnet werden musste, gelten nicht als Behinderung."

4.2.7 Reinigen des Untergrundes von grober Verschmutzung, z. B. Gipsreste, Mörtelreste, Farbreste, Öl, soweit diese nicht vom Auftragnehmer verursacht wurde.

Nach Punkt 3.1.1 dieser ATV hat der Auftragnehmer der Klempnerarbeiten, insbesondere bei ungenügender Tragfähigkeit oder Beschaffenheit des Untergrundes, Bedenken anzumelden. Wenn grobe Verschmutzungen wie zum Beispiel Mörtel- oder Gipsreste auf dem Untergrund vorhanden sind, ist dieser als ungeeignet anzusehen, da diese Scheuerstellen oder Dellen verursachen können. Wenn diese groben Verschmutzungen nicht durch den Auftragnehmer der Klempnerarbeiten verursacht worden sind, ist das Reinigen des Untergrundes eine Besondere Leistung und als solche zu vergüten.

4.2.8 Ausgleichen von größeren Unebenheiten und Maßabweichungen des Untergrundes als nach DIN 18202 zulässig.

In der DIN 18202 „Toleranzen im Hochbau – Bauwerke" sind die im Hochbau zulässigen Toleranzen festgelegt. Werden diese Toleranzen beispielsweise beim Untergrund überschritten, muss dieser ausgeglichen werden. Weil das Ausgleichen dieser Unebenheiten einen erheblichen Aufwand darstellen kann, sind dieses Besondere Leistungen und müssen auch als solche vergütet werden.

4.2.9 Leistungen für den Brand-, Schall-, Wärme-, Feuchte- und Strahlenschutz, soweit diese über die Leistungen nach Abschnitt 3 hinausgehen.

Im Abschnitt 3 dieser ATV wird in wenigen Punkten auf den Brand-, Schall-, Wärme-, Feuchte- oder Strahlenschutz eingegangen. In Punkt 3.2.9 wird aus Gründen des Feuchteschutzes darauf hingewiesen, dass die Metalldeckung bei durchlüfteten Dächern die Lüftungsquerschnitte nicht beeinträchtigen darf. Außerdem schreibt der Punkt 3.2.3 eine Trennlage mit Dränfunktion bei der Verwendung von Titanzink und einer Dachneigung bis 15° vor. Die Anforderungen an den Brand-, Schall-, Wärme-, Feuchteschutz sowie lüftungstechnische Anforderungen sind nach Punkt 0.2.17 dieser ATV genau zu beschreiben. Sind also Maßnahmen für eine dieser Arten von Schutz gefordert, werden dieses Besondere Leistungen, wenn sie nicht im Abschnitt 3 beschrieben werden, und sind somit auch als solche zu vergüten und nicht in andere Positionen mit einzukalkulieren.

4.2.10 Herstellen von Bewegungs- und Scheinfugen sowie von Fugendichtungen.

Auch das Herstellen von diesen Fugen sowie deren Dichtungen sind Besondere Leistungen und somit nicht in andere Positionen mit einzukalkulieren. Bewegungsfugen sind in diesem Fall einem Bewegungsausgleich gleichzustellen. Diese werden nach Punkt 0.5.3 in Stück abgerechnet und können somit keine Nebenleistung darstellen.

4.2.11 Herstellen und Anbringen von Musterflächen, Musterkonstruktionen und Modellen.

Nach Punkt 0.2.3 muss der Auftraggeber in der Leistungsbeschreibung angeben, welche Art und welchen Umfang Musterflächen haben sollen, wenn solche vorgesehen sind. Die Herstellung dieser Musterflächen oder Ähnliches sind Besondere Leistungen. Wenn das Muster im Bauwerk verbleibt, ist das Muster nicht gesondert zu berechnen, sondern nur die Mehrkosten für das Einbinden des Musters in die Fläche. Das Herstellen und Anbringen von Musterflächen empfiehlt sich gerade bei außergewöhnlichen Fassaden (siehe Abbildung 2, Musterfläche).

4.2.12 Besonderer Schutz von Bau- und Anlageteilen sowie Einrichtungsgegenständen, z. B. Abkleben von Fenstern, Türen, Treppen, Hölzern, Dachflächen, oberflächenfertigen Teilen, staubdichtes Abkleben von empfindlichen Einrichtungen und technischen Geräten, Staubschutzwände, Notdächer, Auslegen von Hartfaserplatten oder Bautenschutzfolien ab 0,2 mm Dicke.

Punkt 4.1.4 dieser ATV beschreibt die Schutzmaßnahmen, die Nebenleistungen sind und somit nicht gesondert vergütet werden. Es handelt sich dabei um Nebenleistungen, da dieser Schutz mit nur geringem Aufwand erreicht werden kann. Werden darüber hinaus Schutzmaßnahmen, wie in Punkt 4.2.12 beschrieben, notwendig, so sind das Besondere Leistungen. Welcher Schutz an welchem Teil des Bauwerkes verlangt wird, ist zur Preisfindung anzugeben.

4.2.13 Leistungen für das Herstellen von Anschlüssen an angrenzende Bauteile, soweit diese über die Leistungen nach Abschnitt 3 hinausgehen.

Dieser Punkt ist eindeutig. Geht das Herstellen von Anschlüssen über die in Abschnitt 3 beschriebenen Leistungen hinaus, so ist das gesondert als Besondere Leistung zu vergüten.

4.2.14 Fertigstellen von Bauteilen in zwei Arbeitsgängen zur Ermöglichung von Arbeiten anderer Unternehmer, soweit die Leistungen nicht im Zuge gleichartiger Klempnerarbeiten kontinuierlich erbracht werden können.

Wenn bei der Fertigstellung von einem Bauteil in zwei Arbeitsschritten zur Ermöglichung von Arbeiten anderer Auftragnehmer Kosten durch Rüst- oder Fahrzeiten entstehen, weil diese Leistung nicht im Zuge gleichartiger Klempnerarbeiten erbracht werden kann, handelt es sich um Besondere Leistungen. Siehe hierzu Kommentierung von Punkt 4.1.5 dieser ATV.

4.2.15 Herstellen von am Bauwerk verbleibenden Verankerungsmöglichkeiten.

Wenn dauerhaft im Bauwerk verbleibende Verankerungsmöglichkeiten in Form von Dübeln oder Ösen hergestellt werden, so handelt es sich um Besondere Leistungen. Damit diese im Bauwerk verbleibenden Verankerungspunkte zu einem späteren Zeitpunkt wieder aufzufinden sind, sollte ein Lageplan mit diesen erstellt werden. Das Erstellen eines solchen Lageplans ist ebenfalls eine Besondere Leistung.

4.2.16 Erstellen von Montage- und Verlegeplänen.

4.2.17 Liefern bauphysikalischer Nachweise sowie statischer Berechnungen für den Nachweis der Standsicherheit und der für diesen Nachweis erforderlichen Zeichnungen.

Die Punkte 4.2.16 und 4.2.17 können gemeinsam kommentiert werden, da es sich bei beiden Punkten um Ausführungsunterlagen handelt, die der Auftraggeber nach VOB/B § 3 unentgeltlich und rechtzeitig zur Verfügung zu stellen hat. Gerade bei Klempnerarbeiten ist in vielen Fällen ein Montage- oder Verlegeplan nötig oder auch ein statischer Nachweis für die Befestigung der Metalldacheindeckung oder Fassadenbekleidung bei einem Gebäudestandort in Windzone 4. Wenn die nötigen Unterlagen nicht durch den Auftraggeber geliefert werden, und der Auftragnehmer diese erstellt bzw. erstellen lässt, handelt es sich um Besondere Leistungen, die eine entsprechende Vergütung verlangen. Damit es nicht zu Streitigkeiten kommt, ist die Erstellung der nötigen Ausführungsunterlagen in Form eines Nachtrages zu beauftragen.

In diesem Zusammenhang wird darauf hingewiesen, dass der Auftragnehmer nach VOB/B § 3 Nr. 3 die ihm zur Verfügung gestellten Unterlagen auf Unstimmigkeiten zu prüfen hat und entdeckte oder vermutete Mängel dem Auftragnehmer mitzuteilen hat.

4.2.18 Sicherheitsnachweise am Bauwerk, z. B. Dübelauszugsversuche.

Sind Sicherheitsnachweise zu erbringen, sind diese durch den Auftraggeber beizubringen. Wenn dieser Pflicht nicht nachgekommen wird, ist ähnlich wie in den Punkten 4.2.16 und 4.2.17 das Erbringen dieser Nachweise eine Besondere Leistung, also auch als solche zu vergüten.

4.2.19 Schaffen der notwendigen Höhenfestpunkte nach § 3 Abs. 2 VOB/B.

Auch das Schaffen eventuell notwendiger Höhenfestpunkte ist nach VOB/B § 3 Aufgabe des Auftraggebers. Soll der Höhenfestpunkt durch den Auftragnehmer der Klempnerarbeiten erstellt werden, ist dem Auftragnehmer durch ein Nachtragsangebot der Preis dafür zu nennen. Bei der Erstellung durch den Klempner handelt es sich um eine Besondere Leistung.

4.2.20 Bekleidungen von Leibungen und Stürzen sowie Einbau von Fensterbänken und Lüftungsgittern.

4.2.21 Einsetzen von Profilen und Zierelementen.

Da sowohl das Bekleiden von Leibungen und Stürzen sowie der Einbau von Fensterbänken und Lüftungsgittern als auch das Einsetzen von Profilen und Zierelementen einen äußerst hohen Aufwand darstellen, ist dieses als Besondere Leistung und nicht als Nebenleistung anzusehen.

4.2.22 Leistungen zur Abführung von Niederschlagswasser, die über die nach Abschnitt 4.1.8 geforderten Leistungen hinausgehen.

Werden neben Wasserabweisern nach Punkt 4.1.8 dieser ATV noch andere Mittel zur Abführung des Niederschlagswassers verlangt, so ist das in der Leistungsbeschreibung anzugeben und als Besondere Leistung zu vergüten.

4.2.23 Abnehmen und Wiederanbringen von Regenfallrohren, soweit es der Auftragnehmer nicht zu vertreten hat.

Wenn an bestehenden Gebäuden Arbeiten wie zum Beispiel Dachsanierung, Reparatur-, Verputz- und/oder Malerarbeiten an der Fassade durchgeführt werden, kann es in einigen Fällen dazu kommen, dass die Regenfallrohre demontiert und später wieder montiert werden müssen. Wenn der Auftragnehmer der Klempnerarbeiten mit dieser De- bzw. Montage beauftragt wird, handelt es sich um Besondere Leistungen. Auch bei Neubauten kann es dazu kommen, dass eine Montage und spätere Demontage stattfinden muss. Das ist dann zum Beispiel der Fall, wenn die Putz- und/oder Malerarbeiten noch nicht angefangen wurden und der Auftraggeber wünscht, dass die Regenfallrohre bis zur Durchführung dieser Arbeiten angebracht werden.

4.2.24 Einbauen von Laub- und Schmutzfängern.

Das Liefern und der Einbau von solchen Laub- und Schmutzfängern in die Dachentwässerung ist eine Besondere Leistung, also auch als solche zu vergüten. Möchte der Auftraggeber den Einbau dieser Schutzmaßnahmen, so hat er dieses in der Leistungsbeschreibung anzugeben. Bei dem Einbau dieser Laub- und Schmutzfänger ist darauf zu achten, dass diese die Dachentwässerung durch das Ansammeln von Laub nicht verstopfen. Es empfiehlt sich also, zumindest für die Dauer der Gewährleistungsfrist, einen Wartungsvertrag zu schließen, um die ständige Funktionsfähigkeit sicherzustellen. Außerdem ist darauf zu achten, dass die Ablaufleistung der Dachentwässerung mit einem Laubfangkorb um 50 % reduziert wird.

4.2.25 Herstellen und Schließen von Schlitzen.

Wenn bei den Klempnerarbeiten Schlitze hergestellt werden müssen, ist in erster Linie mit dem Auftraggeber abzuklären, ob diese Schlitze ohne Auswirkungen auf die Standsicherheit ausgeführt werden können. Ähnlich wie in den Punkten 4.2.17 f. dieser ATV muss der Auftraggeber den Nachweis dafür erbringen, dass die Standsicherheit nicht beeinträchtigt wird. Werden durch das Schließen von Schlitzen Teile der Klempnerarbeiten verdeckt, empfiehlt es sich, diese vorher durch den Auftraggeber abnehmen zu lassen. Das Herstellen sowie das Schließen der Schlitze ist eine Besondere Leistung.

4.2.26 Aufnehmen- und Wiedereinbauen von Deckungen und Bekleidungen auch provisorischer Art, soweit es der Auftragnehmer nicht zu vertreten hat.

Wird es notwendig, dass die Deckung oder Bekleidungen für die Arbeiten anderer Unternehmer wieder aufgenommen werden müssen, so handelt es sich dabei um Besondere Leistungen. Gleiches gilt auch für provisorische Eindeckungen bzw. Bekleidungen. Das kann der Fall sein, wenn zum Beispiel durch Öffnungen im Dach schwere Maschinenteile oder Ähnliches ins Gebäudeinnere verbracht werden sollen. Soweit die Notwendigkeit dieser Arbeiten im Vorfeld bereits bekannt ist, sind diese im Leistungsverzeichnis zu beschreiben.

4.2.27 Einbauen von Innen- und Außenecken an geformten Blechen und Blechprofilen.

4.2.28 Einbauen von Formstücken an Strangpressprofilen.

4.2.29 Einbauen von Zubehörteilen, z. B. Rinnenwinkeln, Bodenstücken, Ablaufstutzen, Rinnenkesseln, Rohrbogen und -winkeln, Bewegungsausgleicher, konischen Rohren oder Wasserspeiern.

Da der Einbau der in den Punkten 4.2.27 bis 4.2.29 aufgeführten Teile einen besonders hohen Arbeitsaufwand mit sich bringt, werden diese Arbeiten als besondere Arbeiten angesehen. Diese Teile werden beim Aufmaß übermessen und gesondert als Stück berechnet.

4.2.30 Einbauen von Leiterhaken, Absturzsicherungssystemen, Laufrostanlagen und Einfassungen von Dachdurchdringungen.

Der Einbau von Leiterhaken, Absturzsicherungssystemen, Laufrosten und Einfassungen von Dachdurchdringungen ist mit einem hohen Aufwand verbunden. Beispielsweise müssen Leiterhaken und dergleichen grundsätzlich fest mit der Unterkonstruktion verbunden werden. An welchen Positionen montiert werden soll, ist durch den Auftraggeber anzugeben. Dieser hohe Aufwand macht deutlich, dass diese Einbauteile als Besondere Leistung gesondert zu vergüten sind.

5 Abrechnung

Ergänzend zur ATV DIN 18299, Abschnitt 5, gilt:

Auch hier wird wieder die Verknüpfung zur ATV DIN 18299 deutlich. Dort heißt es: „Die Leistung ist aus Zeichnungen zu ermitteln, soweit die ausgeführte Leistung diesen Zeichnungen entspricht. Sind solche Zeichnungen nicht vorhanden, ist die Leistung aufzumessen.“ Diese Forderung ist eindeutig und nicht misszuverstehen.

5.1 Allgemeines

Der Ermittlung der Leistung – gleichgültig, ob sie nach Zeichnung oder nach Aufmaß erfolgt – sind die Maße der

- hergestellten Deckungen,
- hergestellten Bekleidungen,
- hergestellten Bauteile

zugrunde zu legen.

Zur Leistungsermittlung sind die vereinfachenden Regeln wie Übermessungsregeln und Einzelregelungen anzuwenden.

Auf die Übermessungsregeln wird in Punkt 5.3 genauer eingegangen.

Der Punkt 5.1 bedarf sonst keiner weiteren Erklärung.

5.2 Ermittlung der Maße/Mengen

5.2.1 Bei der Abrechnung von Einzelelementen nach Flächenmaß (m^2) wird bei nicht rechtwinkeligen oder ausgeklinkten Flächen das kleinste umschriebene Rechteck des Einzelteils gerechnet.

Das kleinste umschreibende Rechteck lässt sich mit der folgenden Abbildung erklären. Dabei werden Flächen, die nicht mit einfachen Formeln zu berechnen sind, mit dem kleinsten möglichen Rechteck abgedeckt.

Abbildung 10: Kleinstes umschreibendes Rechteck

Diese zusammengesetzte Fläche aus verschiedenen Rundungen lässt sich nicht mit einfachen Formeln berechnen. Also wird die Fläche des umschreibenden Rechteckes berechnet.

5.2.2 Dachrinnen und Traufbleche werden an den Vorderwulsten gemessen.

Wenn Dachrinnen und Traufbleche gemessen werden, passiert das nach Punkt 5.2.2 an der Vorderwulst. Rinnenwinkel und dergleichen werden dabei übermessen und nach Stück gesondert abgerechnet.

5.2.3 Regenfallrohre werden in der Mittellinie gemessen.

Die folgende Abbildung stellt mit der Strich/Punkt-Linie die Mittellinie dar, in der gemessen wird. Auch beim Fallrohr werden Rohrbögen und dergleichen übermessen und nach Stück abgerechnet.

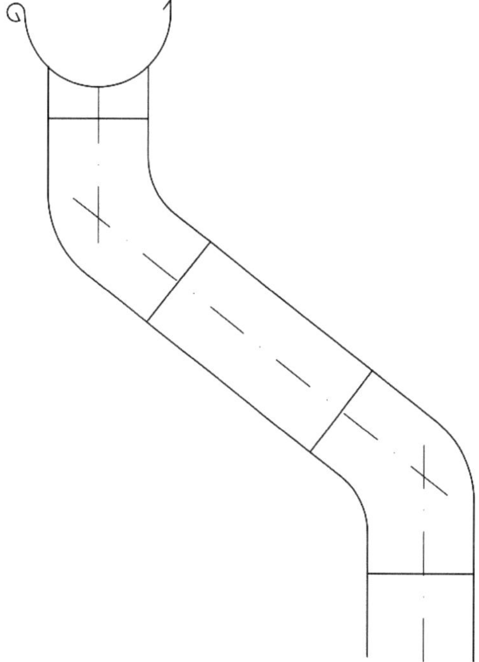

Abbildung 11: Fallrohr messen

5.3 Übermessungsregeln

Übermessen werden:

5.3.1 Bei Abrechnung nach Flächenmaß

- Aussparungen und Öffnungen mit Einzelgrößen $\leq 2{,}5\ m^2$, z. B. Schornsteine, Fenster, Oberlichter, Entlüftungen,
- Bohlen, Sparren und dergleichen bei Trenn- und Dämmschichten,
- unbekleidete Rahmen, Riegel, Ständer, Unterzüge, Vorlagen und dergleichen mit Einzelbreiten ≤ 30 cm in Flächen von Metall-Außenwandbekleidungen,
- Überdeckungen und Überfälzungen bei geformten Blechen und Blechprofilen.

5.3.2 Bei Abrechnung nach Längenmaß

- Unterbrechungen ≤ 1 m Einzellänge,
- Winkel und Bögen sowie Abzweige für Regenfallrohre. Diese werden gesondert gerechnet.
- Überdeckungen und Überfälzungen bei geformten Blechen und Blechprofilen,
- Rinnenwinkel, Rinnenböden, Rinnenstutzen und Bewegungsausgleicher. Diese werden gesondert gerechnet.

Auf die Regelungen in Punkt 5.3 wird in den folgenden Abbildungen eingegangen. Da die Darstellung von allen Abrechnungssituationen zu umfangreich wäre, beschränken sich die Abbildungen auf einige wenige Beispiele.

Abbildung 12 zeigt eine Draufsicht eines Daches mit verschiedenen Einbauteilen, auf die im Folgenden eingegangen wird.

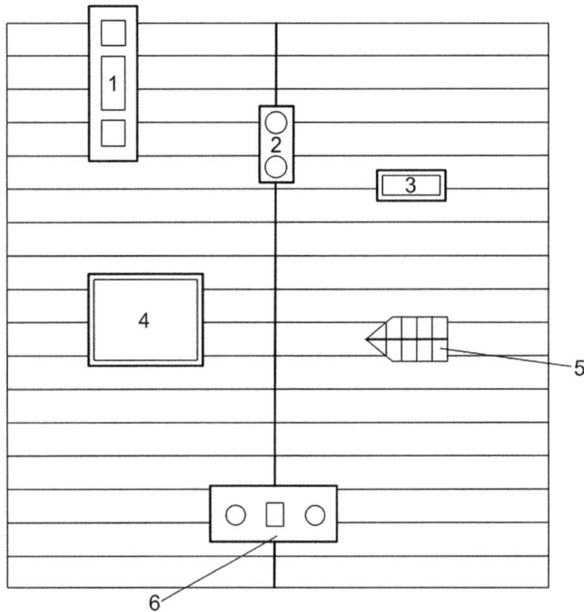

Abbildung 12: Draufsicht eines Daches mit verschiedenen Einbauteilen

Kamin 1 ist > 2,5 m^2 und wird demzufolge bei der Fläche abgezogen. Der Kamin unterbricht den Ortgang allerdings < 1 m und wird somit beim Ortgang übermessen. Die Anschlüsse am Kamin werden gesondert nach m abgerechnet.

Kamin 2 ist < 2,5 m^2 und wird somit übermessen. Am First muss der Kamin jedoch abgezogen werden, da > 1 m.

Dachflächenfenster 3 ist < 2,5 m^2 und wird übermessen und gesondert als Stück abgerechnet.

Dachflächenfenster 4 ist > 2,5 m^2 und muss beim Aufmaß von der Dachfläche abgezogen werden.

Dachgaube 5 ist < 2,5 m^2 und wird übermessen. Die Dachfläche der Gaube und auch alle nach Metern abzurechnenden Teile wie First, Grat, Kehle oder Ort werden gesondert berechnet.

Kamin 6 stellt einen Sonderfall dar. Er ist in der Gesamtgröße zwar > 2,5 m^2, wird aber dennoch übermessen, da er mittig im First steht und somit < 2,5 m^2 pro Dachfläche ist. Der First wird ebenfalls übermessen, da die Unterbrechung durch den Kamin < 1 m ist.

Abbildung 13 soll verdeutlichen, dass bei Kehlen die Dachfläche bis zur Mittellinie der Kehle gemessen wird. Die Kehle wird dann als Zulage in Metern abgerechnet.

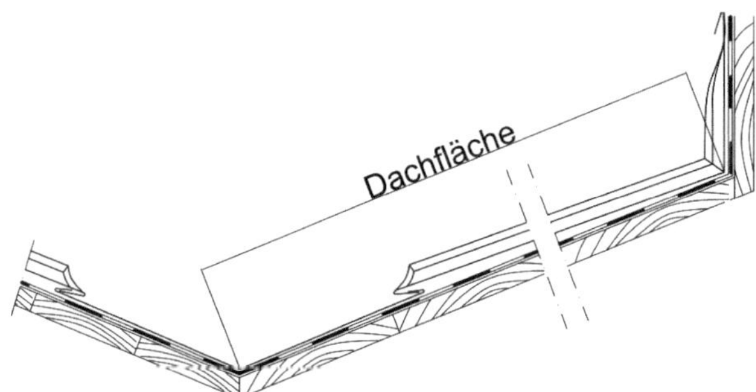

Abbildung 13: Dachfläche mit Kehle

Die folgende Abbildung 14 zeigt, dass die unbekleideten Teile der Fassade unterschiedlich zu behandeln sind. Der unbekleidete Teil, der ≤ 30 cm ist, wird, auch wenn er > 2,5 m^2 ist, übermessen, während der Teil, der > 30 cm ist, abgezogen werden muss.

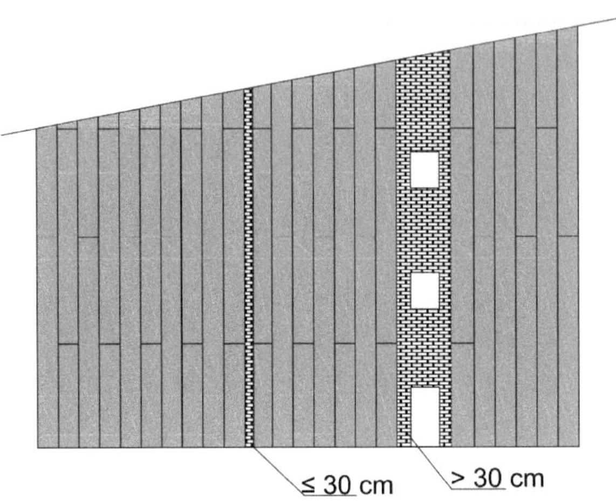

Abbildung 14: Fassade mit unbekleideten Teilen

5.4 Einzelregelungen

Keine Regelungen.

In der aktuellen ATV DIN 18339 wurden bisher keine gewerksspezifischen Einzelregelungen getroffen.

September 2016

DIN 18339

DIN

ICS 91.010.20; 91.180

Ersatz für
DIN 18339:2012-09

VOB Vergabe- und Vertragsordnung für Bauleistungen – Teil C: Allgemeine Technische Vertragsbedingungen für Bauleistungen (ATV) – Klempnerarbeiten

German construction contract procedures (VOB) –
Part C: General technical specifications in construction contracts (ATV) –
Sheet metal roofing and wall covering work

Cahier des charges allemand pour des travaux de bâtiment (VOB) –
Partie C: Clauses techniques générales pour l'exécution des travaux de bâtiment (ATV) –
Travaux de ferblantier

Gesamtumfang 32 Seiten

DIN-Normenausschuss Bauwesen (NABau)

Vorwort

Dieses Dokument wurde vom Deutschen Vergabe- und Vertragsausschuss für Bauleistungen (DVA) aufgestellt.

Änderungen

Gegenüber DIN 18339:2012-09 wurden folgende Änderungen vorgenommen:

a) das Dokument wurde zur Anpassung an die Entwicklung des Baugeschehens fachtechnisch überarbeitet;

b) die Verweisungen auf VOB/A wurden aktualisiert;

c) die Normenverweisungen wurden aktualisiert — Stand 2016-04.

Frühere Ausgaben

DIN 1972: 1925-08

DIN 18339: 1955-07, 1958-12, 1974-08, 1979-10, 1984-09, 1988-09, 1992-12, 1996-06, 1998-05, 2000-12, 2002-12, 2010-04, 2012-09

Normative Verweisungen

Die folgenden Dokumente, die in diesem Dokument teilweise oder als Ganzes zitiert werden, sind für die Anwendung dieses Dokuments erforderlich. Bei datierten Verweisungen gilt nur die in Bezug genommene Ausgabe. Bei undatierten Verweisungen gilt die letzte Ausgabe des in Bezug genommenen Dokuments (einschließlich aller Änderungen).

DIN 1960, *VOB Vergabe- und Vertragsordnung für Bauleistungen — Teil A: Allgemeine Bestimmungen für die Vergabe von Bauleistungen*

DIN 1961, *VOB Vergabe- und Vertragsordnung für Bauleistungen — Teil B: Allgemeine Vertragsbedingungen für die Ausführung von Bauleistungen*

DIN 17611, *Anodisch oxidierte Erzeugnisse aus Aluminium und Aluminium-Knetlegierungen — Technische Lieferbedingungen*

DIN 17640-1, *Bleilegierungen für allgemeine Verwendung*

DIN 18202, *Toleranzen im Hochbau — Bauwerke*

DIN 18299, *VOB Vergabe- und Vertragsordnung für Bauleistungen — Teil C: Allgemeine Technische Vertragsbedingungen für Bauleistungen (ATV) — Allgemeine Regelungen für Bauarbeiten jeder Art*

DIN 18338, *VOB Vergabe- und Vertragsordnung für Bauleistungen — Teil C: Allgemeine Technische Vertragsbedingungen für Bauleistungen (ATV) — Dachdeckungs- und Dachabdichtungsarbeiten*

DIN 18351, *VOB Vergabe- und Vertragsordnung für Bauleistungen — Teil C: Allgemeine Technische Vertragsbedingungen für Bauleistungen (ATV) — Vorgehängte Hinterlüftete Fassaden*

DIN 18360, *VOB Vergabe- und Vertragsordnung für Bauleistungen — Teil C: Allgemeine Technische Vertragsbedingungen für Bauleistungen (ATV) — Metallbauarbeiten*

DIN 18421, *VOB Verdingungsordnung für Bauleistungen — Teil C: Allgemeine Technische Vertragsbedingungen für Bauleistungen (ATV) — Dämm- und Brandschutzarbeiten an technischen Anlagen*

DIN 18516-1, *Außenwandbekleidungen, hinterlüftet — Teil 1: Anforderungen, Prüfgrundsätze*

DIN 20000-6, *Anwendung von Bauprodukten in Bauwerken — Teil 6: Stiftförmige und nicht stiftförmige Verbindungsmittel nach DIN EN 14592 und DIN EN 14545*

DIN 59610, *Blei und Bleilegierungen — Gewalzte Bleche aus Blei zur allgemeinen Verwendung*

DIN EN 485-1, *Aluminium und Aluminiumlegierungen — Bänder, Bleche und Platten — Teil 1: Technische Lieferbedingungen*

DIN EN 485-2, *Aluminium und Aluminiumlegierungen — Bänder, Bleche und Platten — Teil 2: Mechanische Eigenschaften*

DIN EN 485-4, *Aluminium und Aluminiumlegierungen — Bänder, Bleche und Platten — Teil 4: Grenzabmaße und Formtoleranzen für kaltgewalzte Erzeugnisse*

DIN EN 573-3, *Aluminium und Aluminiumlegierungen — Chemische Zusammensetzung und Form von Halbzeug — Teil 3: Chemische Zusammensetzung und Erzeugnisformen*

DIN EN 607, *Hängedachrinnen und Zubehörteile aus PVC-U — Begriffe, Anforderungen und Prüfung*

DIN EN 612, *Hängedachrinnen mit Aussteifung der Rinnenvorderseite und Regenrohre aus Metallblech mit Nahtverbindungen*

DIN EN 754-1, *Aluminium und Aluminiumlegierungen — Gezogene Stangen und Rohre — Teil 1: Technische Lieferbedingungen*

DIN EN 754-2, *Aluminium und Aluminiumlegierungen — Gezogene Stangen und Rohre — Teil 2: Mechanische Eigenschaften*

DIN EN 755-1, *Aluminium und Aluminiumlegierungen — Stranggepresste Stangen, Rohre und Profile — Teil 1: Technische Lieferbedingungen*

DIN EN 755-2, *Aluminium und Aluminiumlegierungen — Stranggepresste Stangen, Rohre und Profile — Teil 2: Mechanische Eigenschaften*

DIN EN 988, *Zink und Zinklegierungen — Anforderungen an gewalzte Flacherzeugnisse für das Bauwesen*

DIN EN 1045, *Hartlöten — Flußmittel zum Hartlöten — Einteilung und Technische Lieferbedingungen*

DIN EN 1462, *Rinnenhalter für Hängedachrinnen — Anforderungen und Prüfung*

DIN EN 1652, *Kupfer- und Kupferlegierungen — Platten, Bleche, Bänder, Streifen und Ronden zur allgemeinen Verwendung*

DIN EN 1991-1-4, *Eurocode 1: Einwirkungen auf Tragwerke — Teil 1-4: Allgemeine Einwirkungen — Windlasten*

DIN EN 1991-1-4/NA:2010-12, *Nationaler Anhang — National festgelegte Parameter — Eurocode 1: Einwirkungen auf Tragwerke — Teil 1-4: Allgemeine Einwirkungen — Windlasten*

DIN EN 10028-7, *Flacherzeugnisse aus Druckbehälterstählen — Teil 7: Nichtrostende Stähle*

DIN EN 10088-2, *Nichtrostende Stähle — Teil 2: Technische Lieferbedingungen für Blech und Band aus korrosionsbeständigen Stählen für allgemeine Verwendung*

DIN EN 10143, *Kontinuierlich schmelztauchveredeltes Blech und Band aus Stahl — Grenzabmaße und Formtoleranzen*

DIN EN 10346, *Kontinuierlich schmelztauchveredelte Flacherzeugnisse aus Stahl — Technische Lieferbedingungen*

DIN EN 12548, *Blei und Bleilegierungen — Bleilegierungen in Blöcken für Kabelmäntel und Muffen*

DIN EN 29454-1, *Flußmittel zum Weichlöten — Einteilung und Anforderungen — Teil 1: Einteilung, Kennzeichnung und Verpackung*

DIN EN ISO 1461, *Durch Feuerverzinken auf Stahl aufgebrachte Zinküberzüge (Stückverzinken) — Anforderungen und Prüfungen*

DIN EN ISO 3506 (alle Teile), *Mechanische Eigenschaften von Verbindungselementen aus nichtrostenden Stählen*

DIN EN ISO 3581, *Schweißzusätze — Umhüllte Stabelektroden zum Lichtbogenhandschweißen von nichtrostenden und hitzebeständigen Stählen — Einteilung*

DIN EN ISO 9445-1, *Kontinuierlich kaltgewalzter nichtrostender Stahl — Grenzabmaße und Formtoleranzen — Teil 1: Kaltband und Kaltband in Stäben*

DIN EN ISO 9445-2, *Kontinuierlich kaltgewalzter nichtrostender Stahl — Grenzabmaße und Formtoleranzen — Teil 2: Kaltbreitband und Blech*

DIN EN ISO 9453, *Weichlote — Chemische Zusammensetzung und Lieferformen*

DIN EN ISO 17672, *Hartlöten — Lote*

DIN EN ISO 18273, *Schweißzusätze — Massivdrähte und -stäbe zum Schmelzschweißen von Aluminium und Aluminiumlegierungen — Einteilung*

DIN 18339:2016-09

Inhalt

0 Hinweise für das Aufstellen der Leistungsbeschreibung

Diese Hinweise ergänzen die ATV DIN 18299 „Allgemeine Regelungen für Bauarbeiten jeder Art", Abschnitt 0. Die Beachtung dieser Hinweise ist Voraussetzung für eine ordnungsgemäße Leistungsbeschreibung gemäß §§ 7 ff., §§ 7 ff. EU beziehungsweise §§ 7 ff. VS VOB/A.

Die Hinweise werden nicht Vertragsbestandteil.

In der Leistungsbeschreibung sind nach den Erfordernissen des Einzelfalls insbesondere anzugeben:

0.1 Angaben zur Baustelle

Windzone.

0.2 Angaben zur Ausführung

0.2.1 *Art, Beschaffenheit und Festigkeit des Untergrundes.*

0.2.2 *Ausbildung der Anschlüsse an Bauwerke.*

0.2.3 *Art und Anzahl der geforderten Musterflächen, Mustermontagen und Proben.*

0.2.4 *Zulässige Belastungen der Dachfläche oder Tragkonstruktion.*

0.2.5 *Sicherung von Deckungen und Bekleidungen gegen Abheben durch Windlasten mit mechanischen Befestigungen oder Auflast auf der Unterkonstruktion.*

0.2.6 *Dachneigung und Dachform.*

0.2.7 *Gauben, Erker, Dachausbauten und dergleichen sowie gekrümmte Teil- oder Kleinflächen.*

0.2.8 *Anzahl, Art und Ausbildung von Dachdurchdringungen, Dachfenstern, Lichtkuppeln.*

0.2.9 *Abdeckung und Bekleidung von Schornsteinen.*

0.2.10 *Bauseitig vorhandene Sättel oberhalb von Durchdringungen.*

0.2.11 *Art und Lage von Dachentwässerungen.*

0.2.12 *Zuschnittbreite oder Richtgröße der Dachrinnen. Anzahl, Art und Maße der Rinnenhalter, Regenfallrohre, Traufbleche und dergleichen in Zuschnittbreite (gegebenenfalls größte abgewickelte Bauteilbreite) und deren Dicke.*

0.2.13 *Art und Ausbildung von Anschlagpunkten, Leiterhaken, Schneefangsystemen und Wasserabweisern.*

0.2.14 *Bauseitig vorhandene Gefällestufen.*

0.2.15 *Besondere mechanische, chemische und thermische Beanspruchungen, denen Stoffe und Bauteile nach dem Einbau ausgesetzt sind.*

0.2.16 *Maßnahmen zur provisorischen Sturmsicherung.*

0.2.17 *Anforderungen an den Brand-, Schall-, Wärme- und Feuchteschutz sowie lüftungstechnische Anforderungen.*

0.2.18 *Art und Dicke der Dämmstoffschichten.*

0.2.19 *Art, Umfang und Ausbildung der Hinterlüftung sowie Abdeckung ihrer Öffnungen.*

0.2.20 *Gestaltung und Einteilung von Flächen, Raster- und Fugenausbildung, Struktur, Farbe, Oberflächenbehandlung. Besondere Verlegeart.*

0.2.21 *Abdichtung und Abdeckung von Fugen.*

0.2.22 *Art, Stoffe und Maße der Bauteile für die Dachdeckungen und Art und Ausbildung ihrer Befestigung.*

0.2.23 *Art und Stoffe der Bekleidungen, Maße der Einzelteile sowie Art und Ausbildung ihrer Befestigung, z. B. sichtbar oder nicht sichtbar.*

0.2.24 *Art und Ausbildung von Trennschichten.*

0.2.25 *Art des Korrosionsschutzes sowie Art und Farbe des Oberflächenschutzes oder der Beschichtung.*

0.2.26 *Art des konstruktiven und chemischen Holzschutzes.*

0.2.27 *Ausführung von zusätzlichem Korrosionsschutz.*

0.2.28 *Scharenbreiten und Achsabstände.*

0.2.29 *Liefern von Verlege- oder Montageplänen.*

0.2.30 *Befestigungen bei besonderen Dachformen oder Vorliegen der Windzone 4.*

0.2.31 *Art und Ausbildung der Unterkonstruktion und ihrer Verankerung.*

0.2.32 *Art und Anzahl der Dübel, Dübelleisten, Traufbohlen und dergleichen, die zur Verankerung bauseitig vorhanden sind.*

0.2.33 *Art und Ausführung der Wandanschlüsse.*

0.2.34 *Bewegungsausgleicher nach Art oder Typ und Anzahl.*

0.2.35 *Art und Ausführung von provisorischen Abdeckungen und Abdichtungen sowie deren Beseitigung.*

0.2.36 *Besonderer Schutz der Leistungen, z. B. Verpackung, Kantenschutz und Abdeckungen.*

0.3 Einzelangaben bei Abweichungen von den ATV

0.3.1 *Wenn andere als die in dieser ATV vorgesehenen Regelungen getroffen werden sollen, sind diese in der Leistungsbeschreibung eindeutig und im Einzelnen anzugeben.*

0.3.2 *Abweichende Regelungen können insbesondere in Betracht kommen bei*

Abschnitt 3.1.5, *wenn die maximale Scharenlänge nach Tabelle 1, Zeile 4 überschritten werden soll, z. B. unter Verwendung von Spezialschiebehaften (z. B. Langschiebehafte),*

Abschnitt 3.1.8, *wenn bauliche Vorgaben eine Unterschreitung der Mindestanschlusshöhe erfordern (z. B. Terrassenaustritt, barrierefreie Ausführung),*

Abschnitt 3.2.1, *wenn bei rollennahtgeschweißten Dächern die Windsogsicherung durch Auflast erfolgt,*

Abschnitt 3.2.4, *wenn Dachgeometrien einen abweichenden Falzverlauf erfordern,*

Abschnitt 3.2.10, *wenn bei Dachneigungen ≥ 3° < 7° auf eine wasserdichte Ausführung der Quernähte verzichtet werden soll (z. B. durch Gefällestufe),*

Abschnitt 3.5.3, *wenn der Abstand der Tropfkante weniger als 20 mm betragen soll,*

Abschnitt 3 *wenn andere Dachformen als in Bild 1 bis Bild 3 und/oder Objekte in Windzone 4 vorliegen.*

0.4 Einzelangaben zu Nebenleistungen und Besonderen Leistungen

Keine ergänzende Regelung zur ATV DIN 18299, Abschnitt 0.4.

0.5 Abrechnungseinheiten

Im Leistungsverzeichnis sind die Abrechnungseinheiten wie folgt vorzusehen:

0.5.1 *Flächenmaß (m²), getrennt nach Bauart und Maßen, für*

- *Dachdeckungen, Wandbekleidungen und dergleichen,*
- *Trenn- und Dämmschichten und dergleichen.*

0.5.2 *Längenmaß (m), getrennt nach Bauart und Maßen, für*

- *geformte Bleche, Blechprofile, z. B. Firste, Grate, Traufen, Kehlen, An- und Abschlüsse, Einfassungen, Gefällestufen, Bewegungselemente, Abdeckungen für Gesimse, Ortgänge, Fensterbänke, Leibungen, Stürze, Überhangstreifen,*
- *Schneefangsysteme, einschließlich Stützen,*
- *Rinnen und Traufbleche,*
- *Wulstverstärkungen an Rinnen,*
- *Regenfallrohre,*
- *Strangpressprofile,*
- *in Streifen verlegte Trenn- und Dämmschichten.*

0.5.3 *Anzahl (St), getrennt nach Bauart und Maßen, für*

- *Ecken bei geformten Blechen und Blechprofilen,*
- *Formstücke bei Strangpressprofilen,*
- *Anschlagpunkte, Leiterhaken, Laufroste, Halterungen für Laufroste, Dachlukendeckel, Schneefanggitter, Einfassungen für Durchdringungen, z. B. Lüftungshauben, Dachentlüfter, Rohre und Stützen für Geländer,*
- *Bewegungsausgleicher, z. B. an Dachrinnen, Traufblechen, An- und Abschlüssen, Gesims- und Mauerabdeckungen,*
- *Rinnenwinkel, Bodenstücke, Ablaufstutzen, Rinnenkessel, Rinnenhalter, Spreizen, Gliederbogen, konische Rohre für Ablaufstutzen, Regenrohrklappen, Rohranschlüsse, Rohrbogen, -abzweige, -wulste, -kappen und -winkel, Standrohre, Rohrschellen und Abdeckplatten, Laub- und Schmutzfänger, Wasserspeier und dergleichen,*
- *Abdeckhauben an Schornsteinen, Schächten und dergleichen.*

1 Geltungsbereich

1.1 Die ATV DIN 18339 „Klempnerarbeiten" gilt für die Ausführung von Metall-Dächern, von Metall-Wandbekleidungen mit am Bau zu falzenden Metallbauteilen und von sonstigen Klempnerarbeiten.

1.2 Die ATV DIN 18339 gilt nicht für

- Deckungen mit genormten Well- und Pfannenblechen (siehe ATV DIN 18338 „Dachdeckungs- und Dachabdichtungsarbeiten"),
- Fassaden und Bekleidungen mit Metallbauteilen (siehe ATV DIN 18360 „Metallbauarbeiten"),
- Blecharbeiten bei Dämmarbeiten (siehe ATV DIN 18421 „Dämm- und Brandschutzarbeiten an technischen Anlagen"),
- hinterlüftete Außenwandbekleidungen mit Unterkonstruktionen (siehe ATV DIN 18351 „Vorgehängte Hinterlüftete Fassaden").

1.3 Ergänzend gilt die ATV DIN 18299 „Allgemeine Regelungen für Bauarbeiten jeder Art", Abschnitte 1 bis 5. Bei Widersprüchen gehen die Regelungen der ATV DIN 18339 vor.

2 Stoffe, Bauteile

Ergänzend zur ATV DIN 18299, Abschnitt 2, gilt:

Für die gebräuchlichsten Stoffe und Bauteile sind die DIN-Normen und weitere Anforderungen nachstehend aufgeführt.

2.1 Zinkbleche und Zinkbänder

DIN EN 988	Zink und Zinklegierungen — Anforderungen an gewalzte Flacherzeugnisse für das Bauwesen

2.2 Stahlbleche und Stahlbänder

2.2.1 Feuerverzinkte und beschichtete Stahlbleche und Stahlbänder

DIN EN 10143	Kontinuierlich schmelztauchveredeltes Blech und Band aus Stahl — Grenzabmaße und Formtoleranzen
DIN EN 10346	Kontinuierlich schmelztauchveredelte Flacherzeugnisse aus Stahl — Technische Lieferbedingungen

2.2.2 Nichtrostende Stahlbleche und Stahlbänder

DIN EN 10028-7	Flacherzeugnisse aus Druckbehälterstählen — Teil 7: Nichtrostende Stähle
DIN EN 10088-2	Nichtrostende Stähle — Teil 2: Technische Lieferbedingungen für Blech und Band aus korrosionsbeständigen Stählen für allgemeine Verwendung

DIN EN ISO 9445-1	Kontinuierlich kaltgewalzter nichtrostender Stahl — Grenzabmaße und Formtoleranzen — Teil 1: Kaltband und Kaltband in Stäben
DIN EN ISO 9445-2	Kontinuierlich kaltgewalzter nichtrostender Stahl — Grenzabmaße und Formtoleranzen — Teil 2: Kaltbreitband und Blech

2.3 Kupferbleche, Kupferbänder, Kupferprofile

DIN EN 1652	Kupfer- und Kupferlegierungen — Platten, Bleche, Bänder, Streifen und Ronden zur allgemeinen Verwendung

2.4 Aluminium und Aluminiumlegierungen

DIN 17611	Anodisch oxidierte Erzeugnisse aus Aluminium und Aluminium-Knetlegierungen — Technische Lieferbedingungen
DIN EN 485-1	Aluminium und Aluminiumlegierungen — Bänder, Bleche und Platten — Teil 1: Technische Lieferbedingungen
DIN EN 485-2	Aluminium und Aluminiumlegierungen — Bänder, Bleche und Platten — Teil 2: Mechanische Eigenschaften
DIN EN 485-4	Aluminium und Aluminiumlegierungen — Bänder, Bleche und Platten — Teil 4: Grenzabmaße und Formtoleranzen für kaltgewalzte Erzeugnisse
DIN EN 573-3	Aluminium und Aluminiumlegierungen — Chemische Zusammensetzung und Form von Halbzeug — Teil 3: Chemische Zusammensetzung und Erzeugnisformen
DIN EN 754-1	Aluminium und Aluminiumlegierungen — Gezogene Stangen und Rohre — Teil 1: Technische Lieferbedingungen
DIN EN 754-2	Aluminium und Aluminiumlegierungen — Gezogene Stangen und Rohre — Teil 2: Mechanische Eigenschaften
DIN EN 755-1	Aluminium und Aluminiumlegierungen — Stranggepresste Stangen, Rohre und Profile — Teil 1: Technische Lieferbedingungen

DIN EN 755-2	Aluminium und Aluminiumlegierungen — Stranggepresste Stangen, Rohre und Profile — Teil 2: Mechanische Eigenschaften

2.5 Bleche aus Blei und Bleilegierungen

DIN 17640-1	Bleilegierungen für allgemeine Verwendung
DIN 59610	Blei und Bleilegierungen — Gewalzte Bleche aus Blei zur allgemeinen Verwendung
DIN EN 12548	Blei und Bleilegierungen — Bleilegierungen in Blöcken für Kabelmäntel und Muffen

2.6 Feuerverzinkte und feuerverbleite Bauteile

DIN EN ISO 1461	Durch Feuerverzinken auf Stahl aufgebrachte Zinküberzüge (Stückverzinken) — Anforderungen und Prüfungen

Feuerverzinkte Stahlteile müssen gut haftende und dichte Überzüge aufweisen.

2.7 Dachrinnen und Regenfallrohre

DIN EN 607	Hängedachrinnen und Zubehörteile aus PVC-U — Begriffe, Anforderungen und Prüfung
DIN EN 612	Hängedachrinnen mit Aussteifung der Rinnenvorderseite und Regenrohre aus Metallblech mit Nahtverbindungen
DIN EN 1462	Rinnenhalter für Hängedachrinnen — Anforderungen und Prüfung

2.8 Verbindungsstoffe (Schweiß- Löt- und Klebstoffe) und Verbindungselemente

DIN EN 1045	Hartlöten — Flußmittel zum Hartlöten — Einteilung und Technische Lieferbedingungen
DIN EN 29454-1	Flußmittel zum Weichlöten — Einteilung und Anforderungen — Teil 1: Einteilung, Kennzeichnung und Verpackung
DIN EN ISO 3506 (alle Teile)	Mechanische Eigenschaften von Verbindungselementen aus nichtrostenden Stählen
DIN EN ISO 3581	Schweißzusätze — Umhüllte Stabelektroden zum Lichtbogenhandschweißen von nichtrostenden und hitzebeständigen Stählen — Einteilung

DIN EN ISO 9453	Weichlote — Chemische Zusammensetzung und Lieferformen
DIN EN ISO 17672	Hartlöten — Lote
DIN EN ISO 18273	Schweißzusätze — Massivdrähte und -stäbe zum Schmelzschweißen von Aluminium und Aluminiumlegierungen — Einteilung

3 Ausführung

Ergänzend zur ATV DIN 18299, Abschnitt 3, gilt:

3.1 Allgemeines

3.1.1 Als Bedenken nach § 4 Abs. 3 VOB/B können insbesondere in Betracht kommen:

— Abweichungen des Bestandes gegenüber den Vorgaben,

— ungenügende Tragfähigkeit oder Beschaffenheit des Untergrundes,

— größere Unebenheiten des Untergrundes als nach DIN 18202 „Toleranzen im Hochbau — Bauwerke" zulässig,

— ungeeignete Bedingungen, die sich aus der Witterung ergeben (siehe Abschnitt 3.1.2),

— fehlende Bezugspunkte,

— fehlende oder ungeeignete Befestigungsmöglichkeiten an Anschlüssen, Aussparungen, z. B. Durchdringungen,

— fehlende Be- und Entlüftung bei zu durchlüftenden Dächern und hinterlüfteten Wandbekleidungen,

— ungeeignete Art und Lage von Durchdringungen, Entwässerungen, Anschlüssen, Schwellen und dergleichen,

— fehlende oder ungenügende Bewegungsmöglichkeiten (z. B. Gefällestufe),

— fehlende oder ungenügende bauliche Voraussetzungen für Sicherheitsüberläufe,

— fehlende Sättel an Dachdurchdringungen,

— zu große Achsabstände.

3.1.2 Bei ungeeigneten Bedingungen, die sich aus der Witterung ergeben, z. B. Feuchtigkeit bei Klebearbeiten, stehender Nässe, Temperaturen unter +5 °C bei Klebearbeiten, sowie Metalltemperatur unter +10 °C für Arbeiten mit Titanzink oder bei Schnee und Eis, sind in Abstimmung mit dem Auftraggeber besondere Maßnahmen zu ergreifen. Sollten hierfür Leistungen erforderlich werden, sind dies Besondere Leistungen (siehe Abschnitt 4.2.6).

3.1.3 Bei Verwendung verschiedener Metalle müssen, auch wenn sie sich nicht berühren, schädigende Einwirkungen aufeinander ausgeschlossen sein; dies gilt insbesondere in Fließrichtung des Wassers.

3.1.4 Metalle sind gegen schädigende Einflüsse angrenzender Stoffe zu schützen, z. B. durch Trennschichten.

3.1.5 Verbindungen und Befestigungen sind so auszuführen, dass sich die Teile bei Temperaturänderungen schadlos ausdehnen, zusammenziehen oder verschieben können. Hierbei ist von einer Temperaturdifferenz von 100 K — im Bereich von −20 °C bis +80 °C — auszugehen. Die Abstände von Bewegungsausgleichern sind in Abhängigkeit von deren Ausführung und der Art und Anordnung der Bauteile zu wählen. Für die Abstände der Ausgleicher untereinander gilt Tabelle 1.

Für die Abstände von Ecken oder Festpunkten gelten jeweils die halben Längen.

3.1.6 Gegen Abheben und Beschädigung durch Sturm sind geeignete Sicherungsmaßnahmen zu treffen.

Es sind industriell hergestellte Hafte zu verwenden. Diese sind mindestens zweifach zu befestigen und müssen unter dynamischer Belastung eine zulässige Haftbelastung von mindestens 400 N aufweisen.

Für Hafte, Nägel und Schrauben gelten die Anforderungen nach Tabelle 2.

3.1.7 Halter für Dachrandeinfassungen und Verwahrungen im Deckbereich sind bündig einzulassen und versenkt zu verschrauben.

3.1.8 Anschlüsse an höher geführte Bauwerksteile sind bei einer Dachneigung bis 5° (8,8 %) mindestens 150 mm, bei einer Dachneigung über 5° (8,8 %) mindestens 100 mm über die Oberseite des Dachbelages hoch zu führen und regensicher zu verwahren.

3.1.9 Einzuklebende Metallanschlüsse müssen eine Klebefläche von mindestens 120 mm Breite aufweisen. Verbindungen sind wasserdicht auszuführen. Bei Längen über 3 m ist die Befestigung indirekt auszuführen.

3.2 Metalldachdeckungen als Falz- und Leistendächer, sowie rollennahtgeschweißte Dächer

3.2.1 Metall-Dachdeckungen sind aus Bändern oder Tafeln herzustellen. Für die Ausführung gelten die Tabellen 3 bis 7.

Für Mindestwerkstoffdicken und Scharenbreiten in Abhängigkeit von der Gebäudehöhe gilt Tabelle 3.

Für Abstand und Anzahl der Hafte gelten für die Windzonen 1 bis 3 nach DIN EN 1991-1-4 „Eurocode 1: Einwirkungen auf Tragwerke — Teil 1-4: Allgemeine Einwirkungen — Windlasten" in Verbindung mit DIN EN 1991-1-4 NA:2010-12 „Nationaler Anhang — National festgelegte Parameter — Eurocode 1: Einwirkungen auf Tragwerke — Teil 1-4: Allgemeine Einwirkungen — Windlasten" die Bilder 1 bis 3 in Verbindung mit den Tabellen 4 bis 6.

3.2.2 Bei Dachneigungen unter 7° (12,3 %) sind die Längsfalze zusätzlich abzudichten.

3.2.3 Bei Titanzink muss die Dachneigung mindestens 3° (5,2 %) betragen, bei Dachneigungen bis 15° (26,8 %) sind Trennlagen mit Dränfunktion einzubauen.

3.2.4 Falzdächer müssen senkrecht zur Traufe doppelte Stehfalze von mindestens 23 mm Höhe aufweisen.

3.2.5 Leistendächer sind mit einem Leistenquerschnitt von mindestens 40 mm × 40 mm auszuführen.

3.2.6 Zwischen den Unterkanten der Längsaufkantung der Scharen ist ein Abstand von mindestens 3 mm zur Aufnahme der Bewegung zwischen den Falzen vorzusehen.

3.2.7 Ist der Abstand zwischen First und Traufe größer als die zulässige Scharenlänge, ist ein Bewegungsausgleich nach Tabelle 8 vorzusehen.

3.2.8 Die Traufe ist so auszubilden, dass die Längenänderungen der Scharen und die Windsoglasten aufgenommen werden. Die Scharenenden müssen mittels Umschlag an dem als Haftstreifen ausgebildeten Traufblech befestigt werden.

3.2.9 Bei durchlüfteten Dächern dürfen durch die Ausführung der Metalldeckung die Lüftungsquerschnitte nicht beeinträchtigt werden.

3.2.10 Quernähte sind nach Tabelle 9 entsprechend der Dachneigung auszuführen.

3.3 Metall-Wandbekleidungen

3.3.1 Metall-Wandbekleidungen sind aus Bändern oder Tafeln in Winkelfalzausführung herzustellen.

3.3.2 Hinterlüftete Außenwandbekleidungen sind nach DIN 18516-1 „Außenwandbekleidungen, hinterlüftet — Teil 1: Anforderungen, Prüfgrundsätze" auszuführen.

3.3.3 Unterkonstruktionen sind — den Scharenbreiten angepasst — flucht- und lotrecht zu montieren.

3.3.4 Für Abstand und Anzahl der Hafte gilt für die Windzonen 1 bis 3 nach DIN EN 1991-1-4 und DIN EN 1991-1-4/NA:2010-12, Bild 4 in Verbindung mit Tabelle 7.

3.3.5 Bleche unter 1 mm Dicke sind umzukanten bzw. umzubördeln.

3.4 Kehlen

3.4.1 Kehlen aus Metall sind auf beiden Seiten mit Wasserfalz auszuführen.

3.4.2 Ungelötete Überdeckungen müssen mindestens 100 mm betragen. Bei Kehlneigungen unter 15° (26,8 %) müssen Überdeckungen wasserdicht hergestellt werden.

3.4.3 Kehlen bei Metall-Dächern müssen vollflächig aufliegen. Bei kleinformatigen Deckungen sind Kehlen auf Lattung und Sparschalung möglich.

3.5 Sonstige Klempnerarbeiten

3.5.1 Die erforderliche Blechdicke ist in Abhängigkeit von der Größe, der Zuschnittbreite, der Formgebung, der Befestigung, der Unterkonstruktion und dem verwendeten Werkstoff zu wählen. Dabei ist die Mindestdicke für gekantete Dachrandabschlüsse, Mauerabdeckungen und Anschlüsse nach Tabelle 10 einzuhalten.

3.5.2 Dachrandabschlüsse, Mauerabdeckungen und Anschlüsse sind mit korrosionsgeschützten Befestigungselementen verdeckt anzubringen.

3.5.3 Abdeckungen müssen eine Tropfkante mit mindestens 20 mm Abstand von den zu schützenden Bauwerksteilen aufweisen.

3.5.4 Ecken sind regensicher auszuführen.

3.5.5 Aufgesetzte Kappleisten sind mindestens alle 250 mm, Wandanschlussschienen mindestens alle 200 mm zu befestigen.

3.5.6 Dachrinnenhalter sind in die Schalung bündig einzulassen und versenkt zu befestigen.

Zusammenstellung der Tabellen und Bilder

Erklärung der in den Tabellen 4 bis 7 und den Bildern 1 bis 4 verwendeten Symbole und Abkürzungen zur vereinfachten Flächeneinteilung bei Dächern:

b	Länge
d	Breite
h	Höhe
F, G, H, J	Dachteilflächen
F_{hoch}	hochliegender Eckbereich bei Pult- und Trogdächern
A, B	Wandteilflächen
α	Dachneigung
e	Hilfsgröße $e = 2h$ oder b (der kleinere Wert ist maßgebend)

Tabelle 1 — Maximale Abstände von Bewegungsausgleichern

Zeile	Ausführung und der Art und Anordnung der Bauteile	max. Abstand m
1	in wasserführenden Ebenen für eingeklebte Einfassungen, Winkelanschlüsse, Rinneneinhänge und Shedrinnen	6
2	für Strangpress-Profile	6
3	außerhalb wasserführender Ebenen für Mauerabdeckungen, Dachrandabschlüsse und innenliegende, nicht eingeklebte Dachrinnen mit Zuschnitt über 500 mm	8
	bei Stahl	14
4	für Scharen von Dachdeckungen und Wandbekleidungen, sowie für innenliegende, nicht eingeklebte Dachrinnen mit Zuschnittbreite unter 500 mm und Hängedachrinnen mit Zuschnitt über 500 mm	10
	bei Stahl	14
5	für Hängedachrinnen mit Zuschnittbreite bis 500 mm	15

Tabelle 2 — Hafte, Nägel und Schrauben; Anforderungen

Werkstoff[b] der zu befestigenden Teile	Hafte		Befestigungsmittel[c]			
			geraute Nägel[d]		Senkkopfschrauben	
	Werkstoff	Dicke mm	Werkstoff	Maße mm × mm	Werkstoff	Maße mm × mm
Aluminium	nichtrostender Stahl[a] verzinkter Stahl	≥ 0,4 ≥ 0,6	nichtrostender Stahl verzinkter Stahl	≥ (2,8 × 25)	nichtrostender Stahl, verzinkter Stahl	≥ (4 × 25)
Blei	nichtrostender Stahl[a] Kupfer	≥ 0,4 ≥ 0,7	nichtrostender Stahl Kupfer	≥ (2,8 × 25) ≥ (2,8 × 25)	nichtrostender Stahl, verzinkter Stahl	≥ (4 × 30)
nichtrostender Stahl	nichtrostender Stahl[a]	≥ 0,4	nichtrostender Stahl	≥ (2,8 × 25)	nichtrostender Stahl	≥ (4 × 25)
Kupfer	nichtrostender Stahl[a] Kupfer	≥ 0,4 ≥ 0,6	nichtrostender Stahl Kupfer	≥ (2,8 × 25) ≥ (2,8 × 25)	nichtrostender Stahl	≥ (4 × 25)
Titanzink	nichtrostender Stahl[a]	≥ 0,4	nichtrostender Stahl verzinkter Stahl	≥ (2,8 × 25)	nichtrostender Stahl, verzinkter Stahl	≥ (4 × 25)
	verzinkter Stahl	≥ 0,6				
verzinkter Stahl	verzinkter Stahl	≥ 0,6	verzinkter Stahl	≥ (2,8 × 25)	verzinkter Stahl	≥ (4 × 25)
	nichtrostender Stahl [a]	≥ 0,4	nichtrostender Stahl	≥ (2,8 × 25)	nichtrostender Stahl	≥ (4 × 25)

[a] Hafte aus nichtrostendem Stahl bei allen Deckmaterialien einsetzbar (Haftunterteile mit gerundeten Ecken).

[b] Die erforderliche Nenndicke der Schalung bei Dachdeckungen beträgt bei Blei mindestens 30 mm, bei allen anderen Werkstoffen mindestens 24 mm (22 mm bei Holzwerkstoffplatten).

[c] Je Haft mindestens 2 Stück mit einer Einbindetiefe von mindestens 20 mm.

[d] Zulässig sind auch gerillte Nägel aus nichtrostendem Stahl und feuerverzinktem Stahl 2,5 mm × 25 mm nach DIN 20000-6 „Anwendung von Bauprodukten in Bauwerken — Teil 6: Stiftförmige und nicht stiftförmige Verbindungsmittel nach DIN EN 14592 und DIN EN 14545", Tragfähigkeitsklasse 3/C.

Tabelle 3 — Metall-Dachdeckung, Mindestwerkstoffdicke und Scharenbreite in Abhängigkeit von der Gebäudehöhe

Gebäudehöhe *h*	**Werkstoffdicke und max. Breite der Scharen**														
	bis 10 m				10 bis 20 m				20 bis 50 m				50 bis100 m		
Scharenbreite mm[a]	520	590	620	720	520	590	620	720	520	590	620	720	520	590	620
Werkstoff	**Mindestwerkstoffdicke** mm														
Aluminium	0,7	0,7	0,8	–[b]	0,7	0,7	0,8	–[b]	0,7	0,7	–[b]	–[b]	0,7	0,7	–[b]
Kupfer	0,6	0,6	0,6	–[b]	0,6	0,6	0,6	–[b]	0,6	0,6	–[b]	–[b]	0,6	0,6	–[b]
Titanzink	0,7	0,7	0,7	–[b]	0,7	0,7	0,7	–[b]	0,7	0,7	–[b]	–[b]	0,7	0,7	–[b]
feuerverzinkter Stahl	0,6	0,6	0,6	0,6	0,6	0,6	0,6	0,6	0,6	0,6	0,6	0,6	0,6	0,6	0,6
nichtrostender Stahl	0,4	0,5	0,5	–[b]	0,4	0,5	0,5	–[b]	0,4	0,5	–[b]	–[b]	0,5	0,5	–[b]

[a] Die Scharenbreiten errechnen sich aus den Band- bzw. Blechbreiten von 600 mm, 670 mm, 700 mm, 800 mm und 1 000 mm abzgl. 80 mm bei Falzdächern. Bei Einsatz einer Profiliermaschine ergeben sich 10 mm breitere Scharen. Für Leistendächer ergibt sich eine geringere Scharenbreite in Abhängigkeit vom Leistenquerschnitt.

[b] unzulässig

Tabelle 4 — Metall-Dachdeckung: Abstand (in mm) und Anzahl (in 1/m²) der Hafte in Abhängigkeit von der Scharenbreite und der Gebäudehöhe für die Windzone 1 und Flach-, Sattel-, Trog-, Pult- und Walmdächer

Windzone 1																
Gebäudehöhe h		bis 10 m				10 bis 20 m				20 bis 50 m				50 bis100 m		
Scharenbreite mm		520	590	620	720	520	590	620	720	520	590	620	720	520	590	620
Dach ($\alpha \leq 30$)	F_{hoch}	330	290	270	240	250	220	210	180	180	160	150	130	150	130	130
		5,9	5,9	5,9	5,9	7,6	7,6	7,6	7,6	10,7	10,7	10,7	10,7	12,7	12,7	12,7
	F	380	330	320	270	290	260	250	210	210	180	180	150	180	150	150
		5,1	5,1	5,1	5,1	6,6	6,6	6,6	6,6	9,2	9,2	9,2	9,2	11,0	11,0	11,0
	G	470	420	400	340	370	320	310	260	260	230	220	190	220	190	180
		4,1	4,1	4,1	4,1	5,3	5,3	5,3	5,3	7,4	7,4	7,4	7,4	8,8	8,8	8,8
	H	500	500	500	500	500	500	500	440	440	380	370	310	370	320	310
		3,8	3,4	3,2	2,8	3,8	3,4	3,2	3,2	4,4	4,4	4,4	4,4	5,3	5,3	5,3
	J	500	500	500	460	490	430	410	350	350	310	290	250	290	260	250
		3,8	3,4	3,2	3,0	3,9	3,9	3,9	3,9	5,5	5,5	5,5	5,5	6,6	6,6	6,6
Dach ($\alpha > 30°$)	F_{hoch}	400	350	330	290	250	220	210	180	180	160	150	130	150	130	130
		4,9	4,9	4,9	4,9	7,6	7,6	7,6	7,6	10,7	10,7	10,7	10,7	12,7	12,7	12,7
	F	500	500	500	460	490	430	410	350	350	310	290	250	290	260	250
		3,8	3,4	3,2	3,0	3,9	3,9	3,9	3,9	5,5	5,5	5,5	5,5	6,6	6,6	6,6
	G	470	420	400	340	370	320	310	260	260	230	220	190	220	190	180
		4,1	4,1	4,1	4,1	5,3	5,3	5,3	5,3	7,4	7,4	7,4	7,4	8,8	8,8	8,8
	H	500	500	500	500	500	500	500	440	440	380	370	310	370	320	310
		3,8	3,4	3,2	2,8	3,8	3,4	3,2	3,2	4,4	4,4	4,4	4,4	5,3	5,3	5,3
	J	500	500	500	500	500	500	470	410	400	350	340	290	340	300	280
		3,8	3,4	3,2	2,8	3,8	3,4	3,4	3,4	4,8	4,8	4,8	4,8	5,7	5,7	5,7

DIN 18339:2016-09

Tabelle 5 — Metall Dachdeckung: Abstand (in mm) und Anzahl (in 1/m²) der Hafte in Abhängigkeit von der Scharenbreite und der Gebäudehöhe für die Windzone 2 und Flach-, Sattel-, Trog-, Pult- und Walmdächer

Windzone 2																
Gebäudehöhe *h*		bis 10 m				10 bis 20 m				20 bis 50 m				50 bis 100 m		
Scharenbreite mm		520	590	620	720	520	590	620	720	520	590	620	720	520	590	620
Dach ($\alpha \leq 30°$)	F_{hoch}	270	240	220	190	210	180	170	150	150	130	120	110	120	110	100
		7,2	7,2	7,2	7,2	9,4	9,4	9,4	9,4	13,1	13,1	13,1	13,1	15,6	15,6	15,6
	F	310	270	260	220	240	210	200	170	170	150	140	120	140	130	120
		6,2	6,2	6,2	6,2	8,1	8,1	8,1	8,1	11,3	11,3	11,3	11,3	13,4	13,4	13,4
	G	390	340	330	280	300	260	250	220	210	190	180	150	180	160	150
		5,0	5,0	5,0	5,0	6,5	6,5	6,5	6,5	9,0	9,0	9,0	9,0	10,7	10,7	10,7
	H	500	500	500	470	500	440	420	360	360	310	300	260	300	260	250
		3,8	3,4	3,2	3,0	3,9	3,9	3,9	3,9	5,4	5,4	5,4	5,4	6,4	6,4	6,4
	J	500	460	430	370	400	350	330	290	280	250	240	210	240	210	200
		3,8	3,7	3,7	3,7	4,8	4,8	4,8	4,8	6,8	6,8	6,8	6,8	8,0	8,0	8,0
Dach ($\alpha > 30°$)	F_{hoch}	320	290	270	230	210	180	170	150	150	130	120	110	120	110	100
		5,9	5,9	5,9	5,9	9,4	9,4	9,4	9,4	13,1	13,1	13,1	13,1	15,6	15,6	15,6
	F	500	460	430	370	400	350	330	290	280	250	240	210	240	210	200
		3,8	3,7	3,7	3,7	4,8	4,8	4,8	4,8	6,8	6,8	6,8	6,8	8,0	8,0	8,0
	G	390	340	330	280	300	260	250	220	210	190	180	150	180	160	150
		5,0	5,0	5,0	5,0	6,5	6,5	6,5	6,5	9,0	9,0	9,0	9,0	10,7	10,7	10,7
	H	500	500	500	470	500	440	420	360	360	310	300	260	300	260	250
		3,8	3,4	3,2	3,0	3,9	3,9	3,9	3,9	5,4	5,4	5,4	5,4	6,4	6,4	6,4
	J	500	500	500	430	460	400	380	330	330	290	280	240	280	240	230
		3,8	3,4	3,2	3,2	4,2	4,2	4,2	4,2	5,9	5,9	5,9	5,9	7,0	7,0	7,0

20

Tabelle 6 — Metall-Dachdeckung: Abstand (in mm) und Anzahl (in 1/m²) der Hafte in Abhängigkeit von der Scharenbreite und der Gebäudehöhe für die Windzone 3 Flach-, Sattel-, Trog-, Pult- und Walmdächer

Windzone 3																
Gebäudehöhe h		bis 10 m				10 bis 20 m				20 bis 50 m				50 bis 100 m		
Scharenbreite mm		520	590	620	720	520	590	620	720	520	590	620	720	520	590	620
Dach ($\alpha \leq 30°$)	F_{hoch}	220	190	190	160	170	150	140	120	120	110	100	90	100	90	90
		8,7	8,7	8,7	8,7	11,2	11,2	11,2	11,2	15,8	15,8	15,8	15,8	18,7	18,7	18,7
	F	260	230	220	190	200	180	170	140	140	120	120	100	120	110	100
		7,5	7,5	7,5	7,5	9,7	9,7	9,7	9,7	13,6	13,6	13,6	13,6	16,1	16,1	16,1
	G	320	280	270	230	250	220	210	180	180	160	150	130	150	130	130
		6,0	6,0	6,0	6,0	7,7	7,7	7,7	7,7	10,9	10,9	10,9	10,9	12,9	12,9	12,9
	H	500	470	450	390	410	370	350	300	290	260	250	210	250	220	210
		3,8	3,6	3,6	3,6	4,6	4,6	4,6	4,6	6,5	6,5	6,5	6,5	7,7	7,7	7,7
	J	430	380	360	310	330	290	280	240	240	210	200	170	200	180	170
		4,5	4,5	4,5	4,5	5,8	5,8	5,8	5,8	8,2	8,2	8,2	8,2	9,7	9,7	9,7
Dach ($\alpha > 30°$)	F_{hoch}	270	240	220	190	170	150	140	120	120	110	100	90	100	90	90
		7,2	7,2	7,2	7,2	11,2	11,2	11,2	11,2	15,8	15,8	15,8	15,8	18,7	18,7	18,7
	F	430	380	360	310	330	290	280	240	240	210	200	170	200	180	170
		4,5	4,5	4,5	4,5	5,8	5,8	5,8	5,8	8,2	8,2	8,2	8,2	9,7	9,7	9,7
	G	320	280	270	230	250	220	210	180	180	160	150	130	150	130	130
		6,0	6,0	6,0	6,0	7,7	7,7	7,7	7,7	10,9	10,9	10,9	10,9	12,9	12,9	12,9
	H	500	470	450	390	410	370	350	300	290	260	250	210	250	220	210
		3,8	3,6	3,6	3,6	4,6	4,6	4,6	4,6	6,5	6,5	6,5	6,5	7,7	7,7	7,7
	J	490	430	410	360	380	340	320	280	270	240	230	200	230	200	190
		3,9	3,9	3,9	3,9	5,0	5,0	5,0	5,0	7,1	7,1	7,1	7,1	8,4	8,4	8,4
Der angegebene Haftabstand in mm ist als Mittelwert über einen Bereich von 3 m einzuhalten.																

Tabelle 7 — Wandbekleidung: Abstand (in mm) und Anzahl (in 1/m²) der Hafte in Abhängigkeit von der Gebäudehöhe für die Windzonen 1 bis 3

Windzone 1															
Gebäudehöhe h	bis 10 m				10 bis 20 m				20 bis 50 m				50 bis 100 m		
Scharenbreite mm	520	590	620	720	520	590	620	720	520	590	620	720	520	590	620
Wand A h/d; $h/b \ge 5$	500	490	470	400	430	380	360	310	310	270	260	220	260	230	220
	3,8	3,4	3,4	3,4	4,5	4,5	4,5	4,5	6,2	6,2	6,2	6,2	7,5	7,5	7,5
Wand A h/d; $h/b \le 1$	500	500	500	500	500	500	500	480	480	420	400	340	400	350	330
	3,8	3,4	3,2	2,8	3,8	3,4	3,2	2,9	4,0	4,0	4,0	4,0	4,8	4,8	4,8
Wand B	500	500	500	500	500	500	500	480	480	420	400	340	400	350	330
	3,8	3,4	3,2	2,8	3,8	3,4	3,2	2,9	4,0	4,0	4,0	4,0	4,8	4,8	4,8
Windzone 2															
Scharenbreite mm	520	590	620	720	520	590	620	720	520	590	620	720	520	590	620
Wand A h/d; $h/b \ge 5$	460	400	380	330	350	310	290	250	250	220	210	180	210	190	180
	4,2	4,2	4,2	4,2	5,5	5,5	5,5	5,5	7,7	7,7	7,7	7,7	9,1	9,1	9,1
Wand A h/d; $h/b \le 1$	500	500	500	500	500	500	500	480	480	420	400	340	400	350	330
	3,8	3,4	3,2	2,8	3,8	3,4	3,2	2,9	4,0	4,0	4,0	4,0	4,8	4,8	4,8
Wand B	500	500	500	500	500	480	450	390	390	340	330	280	330	290	270
	3,8	3,4	3,2	2,8	3,8	3,5	3,5	3,5	5,0	5,0	5,0	5,0	5,9	5,9	5,9
Windzone 3															
Scharenbreite mm	520	590	620	720	520	590	620	720	520	590	620	720	520	590	620
Wand A h/d; $h/b \ge 5$	380	330	320	270	290	260	250	210	210	180	170	150	180	150	150
	5,1	5,1	5,1	5,1	6,6	6,6	6,6	6,6	9,2	9,2	9,2	9,2	11,0	11,0	11,0
Wand A h/d; $h/b \le 1$	460	400	380	330	360	310	300	260	250	220	210	180	210	190	180
	4,2	4,2	4,2	4,2	5,4	5,4	5,4	5,4	7,6	7,6	7,6	7,6	9,0	9,0	9,0
Wand B	500	500	490	420	450	400	380	330	320	280	270	230	270	240	230
	3,8	3,4	3,3	3,3	4,2	4,2	4,2	4,2	6,0	6,0	6,0	6,0	7,1	7,1	7,1

Tabelle 8 — Aufnahme der Scharenbewegung

	Ausführungsart	Erforderliche Dachneigung
1	Schiebenaht mit einfachem Falz	≥ 25° (46,6 %)
2	Schiebenaht mit Zusatzfalz	≥ 10° (17,6 %)
3	Gefällesprung[a]	≥ 3° (5,2 %)
4	Aufschiebling[b]	≥ 7° (12,3 %)
5	Doppelter Querfalz[c]	≥ 7° (12,3 %)

a Bauseitige Ausbildung der Unterkonstruktion. Bei Dachneigung unter 7° muss das obere Blech 100 mm überstehen.

b Bauseitige Ergänzung der Unterkonstruktion.

c Nur bei Tafeldeckung.

Tabelle 9 — Quernähte

	Dachneigung	Art der Quernähte
1	≥ 30° (57,7 %)	Überlappung 100 mm
2	≥ 25° (46,6 %)	einfacher Querfalz
3	≥ 10° (17,6 %)	einfacher Querfalz mit Zusatzfalz
4	≥ 7° (12,3 %)	doppelter Querfalz (ohne Dichtung)
5	< 7° (12,3 %)	wasserdichte Ausführung, je nach verwendetem Werkstoff

Tabelle 10 — Mindestwerkstoffdicken von Anschlüssen und Abdeckungen

Werkstoff	Mauerabdeckungen gekanteter Metallteile, Dachrandabschlüsse mm	Nicht selbsttragende Anschlüsse und Abdeckungen[b] mm	Anschlüsse mm
Aluminium	1,0	0,7	0,7 (1,5)[a]
Kupfer (halbhart)	1,0	0,6	0,7
Titanzink	1,0	0,7	0,7
nichtrostender Stahl	0,8	0,4	0,7
verzinkter Stahl	0,8	0,6	0,7

[a] Die Mindestdicke für Strangpressprofile muss 1,5 mm betragen; für auf Unterkonstruktionen verlegte Metallteile gilt Tabelle 10.

[b] für die Mindestdicken und Breiten gilt Tabelle 3.

DIN EN 1991-1-4 „Eurocode 1: Einwirkungen auf Tragwerke — Teil 1-4: Allgemeine Einwirkungen — Windlasten“

a) Vereinfachte Flächeneinteilung bei Dächern

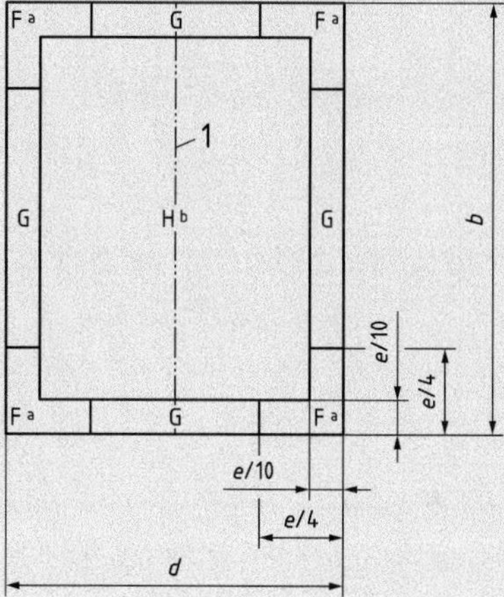

a bei $\alpha \leq -15°$ F_{hoch}

b bei $\alpha \leq -30°$ und
bei $\alpha \geq +15°$ J

Legende

1 First oder Kehle

Bild 1 — Flächeneinteilung für Flachdächer, Satteldächer und Trogdächer

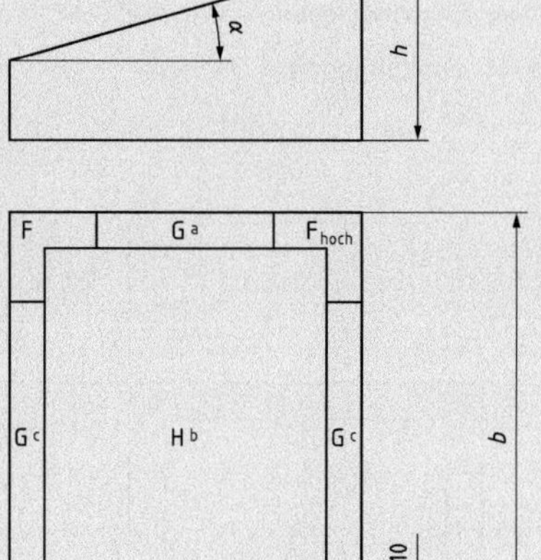

a bei $\alpha \leq 30°$ F

b bei $\alpha \leq 30°$ J

c bei $\alpha > 30°$ F

Bild 2 — Flächeneinteilung für Pultdächer

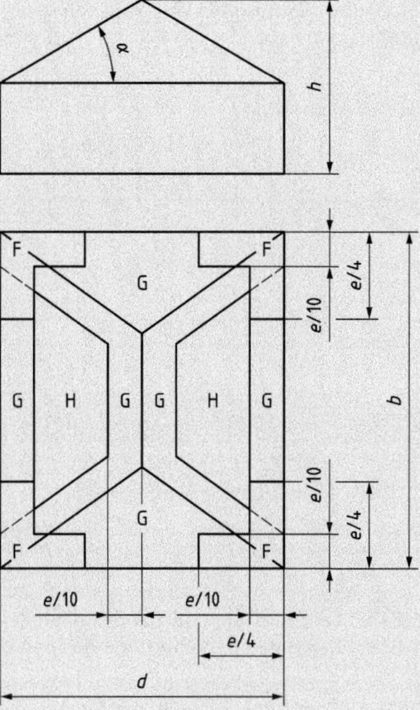

Bild 3 — Flächeneinteilung für Walmdächer

DIN 18339:2016-09

b) Vereinfachte Flächeneinteilung für vertikale Wände

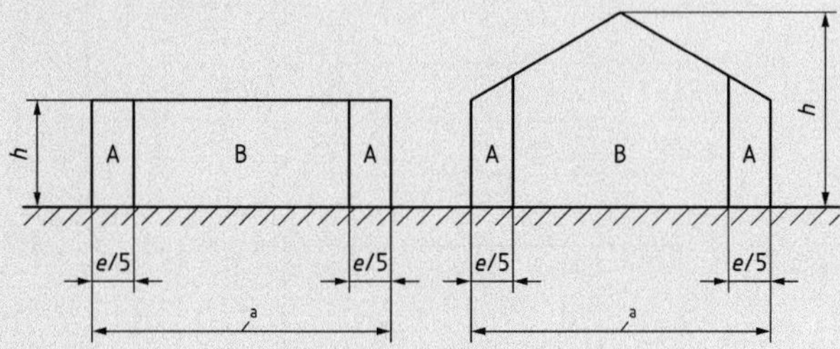

e = *b* oder 2 *h*, der kleinere Wert ist maßgebend

a = *b* oder *d*

Bild 4 — Einteilung der Flächen bei vertikalen Wänden

4 Nebenleistungen, Besondere Leistungen

4.1 Nebenleistungen sind ergänzend zur ATV DIN 18299, Abschnitt 4.1, insbesondere:

4.1.1 Auf-, Um- und Abbauen sowie Vorhalten von Gerüsten für eigene Leistungen, sofern die zu bearbeitende oder zu bekleidende Fläche nicht höher als 3,50 m über der Standfläche des hierfür erforderlichen Gerüstes liegt.

4.1.2 Ausgleichen abgestufter oder geneigter Standflächen von Gerüsten bis zu 40 cm Höhenunterschied, z. B. über Treppen oder Rampen.

4.1.3 Reinigen des Untergrundes, ausgenommen Leistungen nach Abschnitt 4.2.7.

4.1.4 Schutz von Bau- und Anlagenteilen vor Verunreinigungen und Beschädigungen während der Klempnerarbeiten durch loses Abdecken, Abhängen oder Umwickeln, ausgenommen Schutzmaßnahmen nach Abschnitt 4.2.12.

4.1.5 Fertigstellen von Bauteilen in zwei Arbeitsgängen zur Ermöglichung von Arbeiten anderer Unternehmer, soweit die Leistungen im Zuge gleichartiger Klempnerarbeiten kontinuierlich erbracht werden können. Sind diese Voraussetzungen nicht gegeben, handelt es sich um Besondere Leistungen nach Abschnitt 4.2.14.

4.1.6 Anzeichnen der Aussparungen, Schlitze und Durchbrüche.

4.1.7 Einlassen und Befestigen der Rinnenhalter, Halterungen für Laufroste, Verankerungselemente, Rohrschellen.

4.1.8 Anbringen, Vorhalten und Beseitigen von Wasserabweisern für die Abführung von Niederschlagswasser während der Bauzeit. Die Wasserabweiser müssen mindestens 50 cm über das Bauwerk hinausreichen, bei Gerüsten entsprechend weit über diese.

4.2 Besondere Leistungen sind ergänzend zur ATV DIN 18299, Abschnitt 4.2, z. B.:

4.2.1 Vorhalten von Aufenthalts- und Lagerräumen, wenn der Auftraggeber Räume, die leicht verschließbar gemacht werden können, nicht zur Verfügung stellt.

4.2.2 Auf-, Um- und Abbauen sowie Vorhalten der Gerüste für Leistungen anderer Unternehmer.

4.2.3 Auf-, Um- und Abbauen sowie Vorhalten von Gerüsten für eigene Leistungen, sofern die zu bearbeitende oder zu bekleidende Fläche höher als 3,50 m über der Standfläche des hierfür erforderlichen Gerüstes liegt.

4.2.4 Auf-, Um- und Abbauen sowie Vorhalten von Gerüsten mit abgestufter oder geneigter Standfläche, z. B. über Treppen oder Rampen, sofern ein Ausgleich von mehr als 40 cm erforderlich ist.

4.2.5 Auf, Um- und Abbauen sowie Vorhalten von Gerüsten für eigene Leistungen, sofern bei Arbeiten auf der Dachfläche diese eine Dachneigung größer 22,5° aufweist.

4.2.6 Schutz vor ungeeigneten Bedingungen, die sich aus der Witterung ergeben, nach Abschnitt 3.1.2, z. B. Vorwärmen der Metalle.

4.2.7 Reinigen des Untergrundes von grober Verschmutzung, z. B. Gipsreste, Mörtelreste, Farbreste, Öl, soweit diese nicht vom Auftragnehmer verursacht wurde.

4.2.8 Ausgleichen von größeren Unebenheiten und Maßabweichungen des Untergrundes als nach DIN 18202 zulässig.

4.2.9 Leistungen für den Brand-, Schall-, Wärme-, Feuchte- und Strahlenschutz, soweit diese über die Leistungen nach Abschnitt 3 hinausgehen.

4.2.10 Herstellen von Bewegungs- und Scheinfugen, sowie von Fugendichtungen.

4.2.11 Herstellen und Anbringen von Musterflächen, Musterkonstruktionen und Modellen.

4.2.12 Besonderer Schutz von Bau- und Anlageteilen sowie Einrichtungsgegenständen, z. B. Abkleben von Fenstern, Türen, Treppen, Hölzern, Dachflächen, oberflächenfertigen Teilen, staubdichtes Abkleben von empfindlichen

DIN 18339:2016-09

Einrichtungen und technischen Geräten, Staubschutzwände, Notdächer, Auslegen von Hartfaserplatten oder Bautenschutzfolien ab 0,2 mm Dicke.

4.2.13 Leistungen für das Herstellen von Anschlüssen an angrenzende Bauteile, soweit diese über die Leistungen nach Abschnitt 3 hinausgehen.

4.2.14 Fertigstellen von Bauteilen in mehreren Arbeitsgängen zur Ermöglichung von Arbeiten anderer Unternehmer, soweit die Leistungen nicht im Zuge gleichartiger Klempnerarbeiten kontinuierlich erbracht werden können.

4.2.15 Herstellen von am Bauwerk verbleibenden Verankerungsmöglichkeiten.

4.2.16 Erstellen von Montage- und Verlegeplänen.

4.2.17 Liefern bauphysikalischer Nachweise sowie statischer Berechnungen für den Nachweis der Standsicherheit und der für diesen Nachweis erforderlichen Zeichnungen.

4.2.18 Sicherheitsnachweise am Bauwerk, z. B. Dübelauszugsversuche.

4.2.19 Schaffen der notwendigen Höhenfestpunkte nach § 3 Abs. 2 VOB/B.

4.2.20 Bekleidungen von Leibungen und Stürzen sowie Einbau von Fensterbänken und Lüftungsgittern.

4.2.21 Einsetzen von Profilen und Zierelementen.

4.2.22 Leistungen zur Abführung von Niederschlagswasser, die über die nach Abschnitt 4.1.8 geforderten Leistungen hinausgehen.

4.2.23 Abnehmen und Wiederanbringen von Regenfallrohren, soweit es der Auftragnehmer nicht zu vertreten hat.

4.2.24 Einbauen von Laub- und Schmutzfängern.

4.2.25 Herstellen und Schließen von Schlitzen.

4.2.26 Aufnehmen und Wiedereinbauen von Deckungen und Bekleidungen auch provisorischer Art, soweit es der Auftragnehmer nicht zu vertreten hat.

4.2.27 Einbauen von Innen- und Außenecken an geformten Blechen und Blechprofilen.

4.2.28 Einbauen von Formstücken an Strangpressprofilen.

4.2.29 Einbauen von Zubehörteilen, z. B. Rinnenwinkeln, Bodenstücken, Ablaufstutzen, Rinnenkesseln, Rohrbogen und -winkeln, Bewegungsausgleicher, konischen Rohren oder Wasserspeiern.

4.2.30 Einbauen von Leiterhaken, Absturzsicherungssystemen, Laufrostanlagen und Einfassungen von Dachdurchdringungen.

5 Abrechnung

Ergänzend zur ATV DIN 18299, Abschnitt 5, gilt:

5.1 Allgemeines

Der Ermittlung der Leistung — gleichgültig, ob sie nach Zeichnung oder nach Aufmaß erfolgt — sind die Maße der

- hergestellten Deckungen,
- hergestellten Bekleidungen,
- hergestellten Bauteile

zugrunde zu legen.

Zur Leistungsermittlung sind die vereinfachenden Regeln wie Übermessungsregeln und Einzelregelungen anzuwenden.

5.2 Ermittlung der Maße/Mengen

5.2.1 Bei der Abrechnung von Einzelelementen nach Flächenmaß (m^2) wird bei nicht rechtwinkeligen oder ausgeklinkten Flächen das kleinste umschriebene Rechteck des Einzelteils gerechnet.

5.2.2 Dachrinnen und Traufbleche werden an den Vorderwulsten gemessen,

5.2.3 Regenfallrohre werden in der Mittellinie gemessen.

5.3 Übermessungsregeln

Übermessen werden:

5.3.1 Bei Abrechnung nach Flächenmaß

- Aussparungen und Öffnungen mit Einzelgrößen $\leq 2{,}5$ m^2, z. B. Schornsteine, Fenster, Oberlichter, Entlüftungen,
- Bohlen, Sparren und dergleichen bei Trenn- und Dämmschichten,
- unbekleidete Rahmen, Riegel, Ständer, Unterzüge, Vorlagen und dergleichen mit Einzelbreiten ≤ 30 cm in Flächen von Metall-Außenwandbekleidungen,
- Überdeckungen und Überfälzungen bei geformten Blechen und Blechprofilen.

5.3.2 Bei Abrechnung nach Längenmaß

- Unterbrechungen ≤ 1 m Einzellänge,
- Winkel und Bögen sowie Abzweige für Regenfallrohre. Diese werden gesondert gerechnet.

— Überdeckungen und Überfälzungen bei geformten Blechen und Blechprofilen,
— Rinnenwinkel, Rinnenböden, Rinnenstutzen und Bewegungsausgleicher. Diese werden gesondert gerechnet.

5.4 Einzelregelungen

Keine Regelungen.

Stichwortverzeichnis